海獣水族館の素顔

村山 司・中原史生 編著

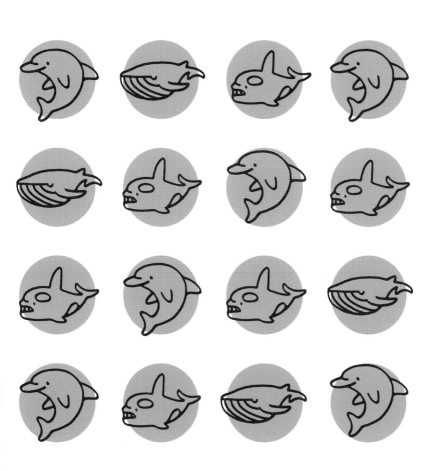

東海教育研究所

Research on marine mammals in captivity

Edited by Tsukasa Murayama & Fumio Nakahara

Tokai Education Research Institute, 2025
Printed in Japan
ISBN978-4-924523-50-0

はじめに

今から40年も前，わが国は空前の好景気に沸いていた．「内需拡大」をキーワードとしたこの好景気に経済活動が爆発的に活性化し，多くの人がその恩恵に酔いしれていた．世にいう「バブル景気」である．

実はそれと時を同じくして，わが国に空前のイルカブームが起きた．

巷には「イルカ」という文字が溢れ，ウオーターフロントとよばれる地には水族館が続々と新築・リニューアルされ，イルカに好感を抱く人が爆発的に増えた．また，ホエールウォッチングやドルフィンスイムなども各地で行われるようになり，それまでは遠い海のかなたの動物と思われていたイルカが身近な動物になった．もしかしたらバブル期の景気の良さがそんなブームを後押ししていたのかもしれない．

そのイルカブームがイルカ研究にも変化をもたらした．

それまでのイルカ研究といえば，漁業者の船に乗って漁獲されたイルカの数を数えたり，市場で水揚げされたイルカの年齢を調べたりといった資源研究が主流だった．しかし，このブームでイルカの生態に興味を持つ人が増え，船でイルカの群れを追ったり，実際に海に潜ってイルカの行動を観察したりする研究者が増えた．海にいてこそイルカ……そんな分野がこうして花開いた．筆者が学生だった頃はイルカの研究者といえば両手で数えられるほどの資源学者しかいなかったが，今ではその何倍，何十倍もそうした野生の生態研究に携わる学生・研究者がいる．

だが，その一方で水族館における研究はどうだったのか．

筆者は学生時代（1991年）にモスクワ（ソ連．当時）で開催された「海棲哺乳類の感覚と行動に関する国際シンポジウム」に参加した．そこでは何人もの海外の研究者が飼育下の個体を対象とした研究成果を発表しており，海外でのそうした分野の活性ぶりがうかがえた．

でも，日本は全然違った．

その頃の日本は，水族館で獣医学・病理学的な症例報告や部分的な行動観察などの研究はあったのかもしれないが，飼育個体における確立した系統的な研究というのはほとんどなかった．

しかし，そういう飼育下の研究も，残念ながら研究者人口はまだ野生の生態研究には遠くおよばないものの，近年ではずいぶん興味を持つ人が増えてきた．ただ，生態研究の場合と違って，特に何かきっかけがあ

ったわけではなく，自然発生的なペースである．

　野生のイルカを対象とした生態研究が種レベル・群れや集団レベルの研究なのに対して，飼育下の個体を対象とした研究は個体レベルの研究ということができる．遠くで見ているだけではわからないこと，外見からでは知り得ないこと，そして一つの個体を手元に引き寄せてじっくり向き合ってわかることも，実は多い．飼育下の研究にはそんな意義と魅力があり，それがようやく理解されはじめたのかもしれない．

　さらに，水族館や動物園がそうした研究の必要性や重要性を理解してくれていることもこの分野の追い風になっている．

　そもそも水族館の意義は「種の保存」「教育」「調査・研究」「レクリエーション」である．目まぐるしく変化する地球環境とその影響を受けて変遷する生態系を守り，維持する役割を水族館も持っているという認識が定着しつつある結果，水族館・動物園もこうした「調査・研究」を応援してくれている．しかし，もちろん，研究だけが水族館・動物園の役割ではないから，研究のために動物が待っているわけではない．そこは利用する側，研究する側もよく理解しておかないといけない．

　本書では，そうした背景をもとに飼育下すなわち水族館や動物園を舞台とした研究に協力する立場と実際に研究する立場からその成果と意義を紹介していきたい．

村山司

目次

はじめに …………………………………………………………………………… iii

「海棲哺乳類」とはどんな動物のことなのか（村山司）…………………… 1

水族館 Q and A（勝俣浩）………………………………………………………… 7

第1章　最初にイルカを想像したのは病院だった ———— 11
水族館での海獣解剖研究と診療支援（植草康浩）

最初にイルカを想像したのは病院だった ……………………………………… 12

イルカの骨と出会うまで ………………………………………………………… 13

国際イルカ・クジラ会議でジャック・マイヨールと出会う ……………… 14

他の研究をしながらイルカを楽しむ ………………………………………… 15

再び学生に戻る …………………………………………………………………… 17

『イルカ・クジラ学』の衝撃 …………………………………………………… 18

どこでイルカを研究する？ ……………………………………………………… 20

はじめての全身骨格標本はわからないことだらけ ………………………… 21

「何もわからない」という喜び ………………………………………………… 22

珍獣オガワコマッコウは突然に ………………………………………………… 26

研究場所の開拓は交渉ひとつ …………………………………………………… 28

イルカの肺は丈夫で広がりやすい ……………………………………………… 29

マスストランディングの原因は寄生虫による内耳神経障害か ………… 32

肝臓がんになった話 ……………………………………………………………… 33

イロワケイルカの解剖 …………………………………………………………… 34

わかったことは書こう　次の人のために ……………………………………… 36

エコーロケーション障害の原因は顔面神経麻痺か ………………………… 37

海獣診療支援へ …………………………………………………………………… 41

世界初の手術は地味な作業の積み重ねの先に ……………………………… 42

目次　v

イルカの全身麻酔による頭頚部外科手術 ……………………………… 45

海獣診療の過去・現在・未来 …………………………………………… 47

第2章　イルカの驚くべき知性との出会い ——————— 51
　　　　海獣研究の素顔：水族館から海獣研究を考える（村山司）

イルカとの出会い『イルカの日』'Pha Love Pa' …………………… 52

イルカ研究にたどり着くまで ………………………………………… 53

何を研究するか：視覚と認知の世界へ ……………………………… 54

これまでの研究の歴史 ………………………………………………… 56

どうやって研究するか ………………………………………………… 57

水族館へ ………………………………………………………………… 58

研究の進め方 …………………………………………………………… 59

水族館の実験 …………………………………………………………… 60

海獣類の研究 …………………………………………………………… 62
　　　鰭脚類／海牛類／ホッキョクグマ

イルカが知りたい ……………………………………………………… 67
　　　イルカの研究／研究事始め／バンドウイルカ／イロワケイルカ／スナメリ
　　　／カマイルカ／シャチ／シロイルカ

海獣類の知性 …………………………………………………………… 81

第3章　フィールドと水族館を繋ぐイルカの行動研究 —— 85
　　　　（中原史生）

イルカとの出会い ……………………………………………………… 86

イルカ研究との出会い ………………………………………………… 88

スナメリのエコーロケーション ……………………………………… 91

スナメリの個体間行動 ………………………………………………… 95

シグネチャーホイッスル仮説 ………………………………………… 97

ハンドウイルカの鳴き交わし ………………………………………… 99

プレイバック実験 ………………………………………………………… 102

水族館からフィールドへ ……………………………………………… 105

再び水族館へ：ハンドウイルカの社会的認知 …………………… 107

ハンドウイルカ向社会行動 …………………………………………… 109

イルカ音響タッチパネルの開発 …………………………………… 112

シャチの音響行動 ……………………………………………………… 114

フィールドと水族館を繋ぐ …………………………………………… 117

第4章　イルカ研究は水族館で ———————— 121
水族館のポテンシャルに頼って四半世紀余（鈴木美和）

はじめに ……………………………………………………………………… 122

カマイルカの研究：沖縄での印象的な出会い ………………… 122

フックとタイミングと決断 …………………………………………… 124

震えながらの研究遂行 ………………………………………………… 125

興味対象 …………………………………………………………………… 129

試料を入手するためには ……………………………………………… 131

研究の計画と遂行 ……………………………………………………… 133

解析し，まとめ，公表する …………………………………………… 138

イルカのストレスを測る ……………………………………………… 139

代謝へのアプローチ …………………………………………………… 141

オミックス技術を使ってみる ……………………………………… 142

イルカを潜らせ，血液を解析する ………………………………… 144

最後に：研究を志す人々へ …………………………………………… 148

第5章　老舗水族館の研究 ———————————— 151
その歴史と現在〔羽田秀人〕

学生として水族館でイルカ研究を行う …………………… 152

大学に行くならイルカ研究がしたい ……………………… 152

新江ノ島水族館の歴史 ……………………………………… 154

動物たちの知性を調べる …………………………………… 156

あの不器用な「セブン」が!? ……………………………… 158

動物たちの行動を観察する ………………………………… 159

ハズバンダリートレーニングのパイオニア …………… 161

ハズバンダリートレーニングの進め方 ………………… 164

出産する日が体温からわかる!? ………………………… 165

乳裂間の幅と胴回りを測定！ ……………………………… 166

出産まで測定してわかったこと ………………………… 168

相模湾の生物を探る ………………………………………… 169

水族館と学生 ………………………………………………… 171

えのすい社内勉強会 ……………………………………… 173

発表内容は多種多様 ……………………………………… 173

江の島水族館と研究 ……………………………………… 175

最後に ………………………………………………………… 176

第6章　知れば知るほどおもしろい，水族館の裏話 ——— 179
鳥羽水族館はどんなところ？〔若井嘉人〕

何と出発点は海産物問屋 …………………………………… 180

日本初,「ガイド付き水族館」………………………………… 182

鳥羽水族館と研究：研究の先にあるもの ……………… 183

鳥羽水族館にとっての研究とは？：水族館の設立を促したある人の言葉 ····· 184

viii

研究の成果と活用 ……………………………………………… 185

水族館の飼育動物はどこから来るのか？ ……………………… 186

野外からの採集 …………………………………………………… 186

繁殖 ………………………………………………………………… 187

購入 ………………………………………………………………… 188

保護 ………………………………………………………………… 188

その他 ……………………………………………………………… 189

今後どうなる？　水族館の動物：次第に困難になる動物の入手 ……… 189

水族館と共同研究：相手の本音がわかれば仲良くなれる ………………… 190

鳥羽水族館における研究の具体例 ……………………………… 192

研究の具体例 ……………………………………………………… 194

これからどうする水族館 ………………………………………… 209

第7章　動物福祉と環境エンリッチメントに向けて ——— 213
（村山司）

動物福祉 …………………………………………………………… 214

環境エンリッチメントに向けて ………………………………… 215

摂餌に対する負荷 ………………………………………………… 216

氷の餌 ……………………………………………………………… 217

給餌装置を使って ………………………………………………… 217

他の動物でも ……………………………………………………… 218

認知実験：道具 …………………………………………………… 219

認知実験 …………………………………………………………… 220

どちらが好みか …………………………………………………… 221

複数頭で飼育すると ……………………………………………… 222

おわりに …………………………………………………………… 225

「海棲哺乳類」とはどんな動物のことなのか

　本書では，飼育下の海棲哺乳類を対象とした水族館の活動や研究への協力の現状，また，研究者の水族館における調査・研究の顛末などが紹介されている．読み進めていくと様々な海棲哺乳類が登場してくる．聞いたことがある種類もいれば，聞き慣れないものもいる．そもそも海棲哺乳類とはどんな動物のことなのか．本論に入る前に「海棲哺乳類」とは誰のことなのか，おさらいをしておきたい．

海棲哺乳類とは

　「海棲哺乳類」というのは分類学上の正式な名称ではなく，海（水中）に暮らす哺乳類の総称である．なお，「海棲」のほかに「海産」という言い方や，中には海だけでなく汽水域や河川にまで生息域を持つものもいるので，「水棲」「水生」といった書き方をすることもある．これらは特に厳密な定義もないので，好きな呼び名を選べばよい（ここでは「海棲哺乳類」とする）．

　このほかに「海獣類」という言い方もあるが，これは「海棲哺乳類」とまったく同じことである．「海棲哺乳類」も「海獣類」も一般的によく用いられるが，特に，水族館などでは「海獣」の呼び名が使われることが多い．

　海棲哺乳類といわれる動物は，狭義では，いわば「御三家」ともいえる以下のものを指す．

　　「鯨類」（いわゆるイルカ・クジラと称されるもの．ヒゲクジラ類，ハ
　　　　　クジラ類，ムカシクジラ類に分けられるが，ムカシクジラ類
　　　　　はすでに絶滅している）

　　「鰭脚類」（アシカ類，アザラシ類，トド，セイウチ，オタリアとい
　　　　　った動物たち）

　　「海牛類」（ジュゴン，マナティー類，ステラーカイギュウなどが含
　　　　　まれる．ただし，ステラーカイギュウは，人間の乱獲によ
　　　　　り発見からわずか27年で絶滅してしまった悲運な動物であ
　　　　　る）

　なお，すでに絶滅した動物群で，デスモスチルスなどが含まれる「束柱類」も海棲哺乳類の仲間である．

そして広義のものとなると，これらにラッコ，ホッキョクグマが加わる．いずれも水と深く関わって生活している動物である．なお，カワウソ類も海棲哺乳類に数えられることもあるが，普通は別に考えることが多い．

これらの動物は，皆，哺乳類なのだから，肺呼吸をし，胎生で，一定の体温を有する温血動物であることは共通している．そして海（水中）に生活の一部あるいは全部を依存しているが，その観点からいうと，常に海中・水中で生活をし，陸上では生活できないのが鯨類と海牛類，サカナやイカ，貝類などを餌として摂餌は水中で行い，繁殖は陸上でするといった水陸両生的な生活をするのが鰭脚類，主に水上で生活し，休息や嵐などからの避難などでは陸に上がるのがラッコ，そして主に氷上（あるいは陸上）で生活をし，移動や摂餌など，必要に応じて海に入るのがホッキョクグマといった分け方もできる．

そもそも生物は海で生まれ，やがて陸棲へと進化していった．鯨類，鰭脚類，海牛類，束柱類も，かつてはそうして陸上で暮らしていたが，再び海で暮らすようになった動物たちである．海へ還った時代には差があり，鯨類は今から約6500万年前，鰭脚類は約2500万年前，そして海牛類は約5300万年前にそれぞれ水棲生活へと移行していった．そうして水の中の暮らしに適応すべく，様々に形態的な特徴が変化し，水中という，陸上とは大きく異なる過酷な環境に適応すべく，種々に生理的な機構を獲得していったはずである．

さらに，これらの動物に共通して見られるのが社会性である．群れをつくり，音や視覚を利用して仲間と複雑な社会行動が展開されている．そこには，同じように群れをつくるサンマやイワシなどには見られない知的特性も見られる．

水族館の海獣類

日本は水族館大国である．ほとんどの都道府県に水族館があるといってもよい．その内訳を見ると，飼育されているのが淡水の生き物を中心としたところ，魚類や無脊椎動物を中心としたところ，そして無脊椎動物や魚類のほかに海棲哺乳類を飼育しているところなどに分かれる．

日本には公益社団法人日本動物園水族館協会と一般社団法人日本水族館協会という組織があるが，それらに加盟しているおよそ80の水族館のうち，海棲哺乳類を飼育しているところはざっと数えておよそ50ほどに

なる．飼育されている海棲哺乳類については，イルカ類だけが飼育されているところ，鰭脚類だけのところ，イルカ類・鰭脚類の両方いるところ，そして海牛類を含めた「御三家」を一通り飼育しているところなど，様々である．

　飼育種は，イルカ類はバンドウイルカ，カマイルカ，シャチ，スナメリ，オキゴンドウ，ハナゴンドウ，イロワケイルカなどが主なところだが，飼われている種は園館ごとにまちまちである．このほか，まれに座礁や河川や湾に迷入した珍しい種を保護することもある．鰭脚類は，ゴマフアザラシをはじめとするアザラシ類，セイウチ，トド，オタリア，カリフォルニアアシカをはじめとするアシカ類などだが，こちらも園館により飼育している種数は様々である．また，迷入個体を保護することもある．

　ジュゴンやマナティー類などの海牛類を飼育している園館は少なく，また，いくつかの園館ではラッコやホッキョクグマを飼育している．ちなみに，淡水に暮らすカワイルカ類は1960年代，1970年代に水族館で飼育されたことはあるが，現在は標本としての展示があるのみである．

　海棲哺乳類がいるのは水族館ばかりではなく，動物園でも飼育しているところがある．種としてはゴマフアザラシなどの鰭脚類が多く，一部，カイギュウ類がいるところもある．また，ホッキョクグマがいる動物園もある．

　こうした海棲哺乳類では，イルカ類は海水で飼育されているが，鰭脚類は淡水で飼育しているところも少なくない．また，海にいるすべての海棲哺乳類を飼育できるわけではなく，そこには飼育技術や動物の特性（神経質な種は飼育することが難しい）などによる限界がある．

　このように日本では水族館でも動物園でも海棲哺乳類が飼育されており，まさに目の前には大きな研究の機会が広がっているのである．

村山司

バンドウイルカ（写真提供：新江ノ島水族館）

シャチ（写真提供：鴨川シーワールド）

シロイルカ（写真提供：鴨川シーワールド）

ジュゴン（写真提供：鳥羽水族館）

イロワケイルカ（写真提供：村山司）

ゴマフアザラシ（写真提供：村山司）

アフリカマナティー（写真提供：鳥羽水族館）

ラッコ（写真提供：村山司）

ホッキョクグマ（写真提供：村山司）

水族館 Q and A

勝俣浩（鴨川シーワールド）

●動物の搬入について

Q　飼育個体はどのように入手するのか

A　2015年頃までは漁業者が捕獲した野生のイルカを購入したり，保護したイルカを飼育したりすることができましたが，現在は特別な例外を除き野生からの入手は不可能なので，繁殖により個体数を維持するように変わってきています．アシカやアザラシ，大半のペンギン類は繁殖によって個体数を維持できています．北海道ではアザラシが保護されることがあり，救命できた個体がそのまま飼育されることもあります．

Q　動物はどうやって運搬しているのか？

A　専用の輸送用具（イルカ類の場合はコンテナ，アシカの仲間は檻）に収容して，陸路（トラック輸送）や海外の場合は空路（飛行機輸送）も使って運びます．

Q　野生から新しい個体を収容した場合，まず何から教えるのか

A　何かを教える前に飼育に馴らすことからはじめます．具体的には収容施設，飼育係（ヒト），餌への馴らしです．

Q　愛称はどのようにつけるのか

A　それぞれの水族館ごとにある決まりや慣習にしたがって命名することが多いです．話題になった個体は一般公募で決めることもあります．

●飼育について

Q　飼育水槽の大きさにはどのような基準があるのか

A　日本には飼育施設の具体的な規模（大きさ，広さなど）を定めた法令や条例がありません．そのため，他の国の基準を目安としています．

Q　屋内飼育と屋外飼育で経費にどのような違いがあるか．屋外で飼育している場合，雨が降っても動物に影響はないのか？

A　建屋が必要な屋内施設のほうが建設費はかかります．また，空調（冷暖房含む）設備を運転するので運用費も増えます．屋外飼育の場合，

雨を含めた極端な気象が動物の健康へ悪い影響をおよぼす恐れは確かにあり，特に海面利用施設にとって大雨による土砂を含んだ大量の河川水の流入は危険です．なお，屋内施設は極端な気象の影響から動物を守ってくれますが，その効果を金額で表すことは難しいです．

Q **動物の担当者はどのように決まるのか．**

A 経験年数と評価から決めるのが通常です．

Q **飼育員はどのくらいで個体識別できるようになるのか．**

A 種や飼育数によって差があります．イルカ数頭だけなら１日ですが，ペンギンが10羽以上だと１週間以上必要です．

Q **餌はどこから，どのくらい入手するのか．また，餌代はどのくらいか．**

A 飼育個体数に基づいて年間契約した漁協や卸業者から冷凍魚で購入します．季節による変動のほか，近年では様々な魚種の不漁により価格は上昇しています．この本の発行時点での平均で1kg当たり200円から250円程度と思われます．

Q **餌の種類や量はどのように決まるのか，また，いつも同じなのか．**

A 餌には１年を通じて価格，量ともに安定して入手できる魚種を使用します．量は定期的な体重測定をもとに必要量を決めます．

Q **餌の好みはあるか**

A 種類のほか，大きさや形による好みを示す個体はいます．

Q **新しいパフォーマンスのテーマや内容はどのように決めているのか**

A 動物（種）の特性や気質，訓練で習得した動作を素材に，参考となる演出手法を取り入れて構想を練ります．

Q **イルカは人を見分けているのか？　また，飼育員の好き・嫌いはあるか**

A 見分けています．経験的には好き嫌いもあると感じます．

Q **飼育個体になぜバンドウイルカやカマイルカが多いのか**

A 日本近海での生息数が多く，イルカ漁や保護を通じて入手しやすかったことが主な理由です．

Q **体調不良のとき，どのような治療をするのか**

A 多くは投薬治療です．症状と検査（血液，呼気，便など）結果で治療薬を検討します．

Q プールにボールや浮子が入っていることがあるが，何のためか？

A 遊具（遊び道具）として投入しています．エンリッチメントの一環です．

Q イルカは水を飲まないのか？

A ホースの水で遊ぶ様子をよく見ますが飲んではいません．海水から塩分を取り除き利用する機能も有していますが，積極的に取り込む（飲む）ことはないとされています．

●研究について

Q 行動の研究に向いている個体はどんな個体か

A 課題の試行のために訓練が必要な研究では向き / 不向きはあるかもしれませんが，行動の研究であれば特に向き / 不向きはないと思います．

Q 研究の被験体（実験の場合やサンプル採取）はどのように決まるのか

A 研究（実験）内容で決めることが多いと思います．

Q 行動実験の場合，餌を使用するが，そのほかに給餌があり，食べ過ぎにはならないのか

A 決められた量の餌をあらかじめ分配して準備しているので，超過してしまうことはありません．

水族館 Q and A 9

第 1 章

最初にイルカを想像したのは病院だった

水族館での海獣解剖研究と診療支援

植草康浩

最初にイルカを想像したのは病院だった

　両親ともに代々東京の下町である浅草生まれであったから，私も実家近くの産院で生まれた．ところが2歳にならないうちに，ひどい喘息にかかってしまった．母は私をいくつかの大学病院をはじめ，都内の有名病院や診療所へずいぶんと連れ回したが，ひどくなる一方でなかなか良くならない．とうとう母は東京の空気が悪いからだと転地療養を決意して，6歳の夏に千葉へ転居となった．幼時のはっきりした記憶を遡ることができるのはその頃からである．

　千葉へ越してからも小学校2年生までは学校へほとんど行けなかった．2年間同じ担任であった教師が病院までやって来てくれて，テストはほとんど病院のベッドの上で受けた．毎月のように入退院を繰り返す私をよほど不憫に思ったのか，看護師が何人か夜勤明けや休日を返上して代わる代わる本を読んでくれて，漢字の読み書きを教えてくれた．ずっと病院で過ごしていたにもかかわらず，仲の良い友人が学校で二人，病院で一人できた．

　重症化のタイミングが合うのか，大部屋ではその友だちと一緒になることがよくあった．朝の食事がすむと点滴が運ばれてきて，文字通りお昼までベッドに縛りつけられ，天井のシミをイルカや魚に見立てて遊んでいた．昼食がすむと午後は点滴がある日とない日があった．ナースステーションの前にある台に点滴瓶が並んでいて，彼と一緒に自分の名前を確認しに毎日通った．そこに自分たちの名前を見つけるとひどくがっかりして，二人でとぼとぼと病室へ帰った．名前がない日は，トイレ近くの階段へ座ったり寝そべったりしながら，窓から斜めに入って来る午後の柔らかな日の光で棚に並べられた様々な色をした畜尿瓶（腎臓や膀胱に病気がある人が，腎機能を調べるために尿を貯めておく大きなガラス製の瓶のこと．最近は機械が自動計測してくれるので廃れてしまった）に浮かぶ結晶がキラキラと輝くのを飽くことなく眺め続けた．畜尿瓶の中身は本来黄色が主体なのだが，赤みがかったり水のように薄くなったり，薄い緑色をしていたりと様々な色と光を放ち，私たちはそこを海と見立てて，小さな魚やイルカが泳いでいるのをよく想像した．

　やがて彼は私より先に回復して退院していった．私は相変わらず入退院を繰り返していたが，彼とはその後二度と会うことはなかった．ずい

ぶん後になって，さらに遠くへ転地療養に向かい，その病院で亡くなったといううわさを聞いた．

イルカの骨と出会うまで

　入院していないときは学校へ行った．学校での二人の友人はそれぞれタイプがまったく異なり，I君とは林や畑を走り回って一緒にカエルやザリガニやトカゲやトンボを捕った．私が途中で息が切れて苦しそうにしていると，彼は少し離れた場所で何もいわずじっと立ち止まって，回復を待ってくれていた．そして何事もなかったようにまた先を走り出すのであった．夏の朝4時に待ち合わせをして，露の降りた林の月明かりの中でクワガタやカブトムシやセミの羽化を一緒に観察した．

　H君宅には顕微鏡と望遠鏡があって，裏庭ではアオダイショウを飼っていた．彼の家にも私は入り浸った．I君とカエルやザリガニを捕った同じ池にH君と出掛けると，彼は何もなさそうな池の水を掬って，大事そうに自宅へ持って帰った．二人で代わりばんこに顕微鏡を覗くと，そこは小さな生き物で溢れかえっていた．恐竜の化石を掘ろうと朝から立ち入り禁止の石切り場へ向かい，1日すべて空振りであったこともあった．夏も冬も望遠鏡を庭へ取り出して月のクレーターを眺めた．流れ星も望遠鏡で見ようとしたが一度も捉えられなかった．地面に寝転がって全天を視野全体で眺めるようにしているとたくさんの流れ星に出会えることに気付くのにさらに夏が2回通り過ぎた．私のセンス・オブ・ワンダーはこうして育まれた．

　中学校に上がると転地療養は終了し，浅草へ戻った．急激に背が伸びるのと同時に体力が付きはじめ，喘息の発作回数は徐々に減っていった．勉強はまったくせず，高校ではサッカー部に所属してときに発作に見舞われつつも点滴を受けながら練習に明け暮れた．たまに練習のない日は図書室で1冊だけ置いてあったクジラの写真集を眺め，そうでないときには自転車で上野の国立科学博物館へ通い，端から端まで展示に見入った．浅草には千葉のような林も池もなく，夜の空は明るく星はほとんど見えない．仕方なしに，かろうじて灯りの少ない隅田川のほとりを毎晩走り，陰になった暗い場所から空を見上げるようになった．

　博物館常設展示の解説をそらでもいえるようになったある日，『鯨の世界』という小さな企画展示があった．吸い寄せられるように入り込み，

第1章　最初にイルカを想像したのは病院だった　　**13**

動物研究部（当時）の宮崎信之さんが解説されるのを，たまたまその場に居合わせたわずか数人だけで聞いた．いくつか素人じみた質問をしたが，真摯に答えてくれたことを覚えている．このときにはじめてイルカやクジラを観察対象として強く意識した．ほぼ同じ頃，ザトウクジラがテレビで優雅に泳ぐ映像を見る機会があった．偶然が重なっただけなのだが，立て続けにイルカやクジラの情報に接し，美しいフォルムと私たちと同じ哺乳類であるという事実とが，もやもやとした処理しきれない魅力として心に刻まれることとなった．

国際イルカ・クジラ会議でジャック・マイヨールと出会う

高校卒業後は家庭の事情で少しの間，国家公務員をした後，鶴見大学歯学部に進んだ．歯学部では目立たぬ学生として過ごしたが，塾講師や家庭教師のアルバイトでお金が溜まると一人で水族館へ通うようになった．お昼前から夕方くらいまで，何もせずにイルカプールの前でただ眺めていることが多かった．月に何度か職員や見知らぬ女性に声をかけられて立ち話をすることはあったが，私にとっては迷惑そのものであった．徐々に興味がつのって海棲哺乳類に関する書籍を探したが，日本語の書籍はほとんど手に入らず，まだインターネットははじまったばかりでうまく使えなかった．やむを得ず丸善の洋書売り場のカタログから名前だけで注文した．苦労して海外から取り寄せた本のほとんどはハズレであった．親友の女の子が1年間オーストラリアへ語学留学すると聞いて，何でもいいからイルカやクジラの本を送ってくれるよう頼み込んだ．彼女が約束を忠実に履行してくれたおかげで，まだ邦訳されていなかったクストー『クジラ』を読めたときは本当にうれしかった．その頃フランスとイタリアの合作である『グラン・ブルー』が日本ヘラルドで封切りされたのを当時付き合っていた彼女と一緒に観たが，映画に引き込まれてそれ以外の記憶がまったく抜け落ちているのは我ながら興味深い．

専門課程に進んで病院実習に追われていた1994年のあるとき，江ノ島で「第四回国際イルカ・クジラ会議」というものが開催されるというのを聞いた．それがどういうものかはまったくわからなかったが，来日するプレゼンターの名前を知って小躍りした．『グラン・ブルー』のモデルであるジャック・マイヨール，イルカ脳科学者のジョン・C・リリーがやって来るという．ところが参加費が3日間で8万円すると聞くと，

今度は深く落ち込んでしまった．普通の大学生に払える金額ではない．悩んだ末に大学は実習以外顔を出さずに土日夜間もアルバイトを入れたが，身体を壊して達成直前に計画は頓挫してしまった．どうしてもあきらめきれず，独り身で息子三人を育て上げるべく朝から晩まで働き詰めであった母に頼み込んではじめて借金をした．これだけ苦労して会場に入ったにもかかわらず，会議は断片的な記憶しかなく情けないが，本や映画で知っていた二人に会えて国際会議は夢のようにあっというまに過ぎた．勇気を振り絞ってそれぞれにカタコトの英語で話しかけたが，面食らったような顔をしながら軽い返事だけをもらった．それでも大学生には充分すぎる刺激で，ますます海棲哺乳類にのめり込んでしまった．

他の研究をしながらイルカを楽しむ

1997年に歯科医師になった私は口腔がん専門の歯科口腔外科医になろうと，生まれ育った関東を離れて大阪で一人暮らしをはじめた．大阪大学歯学部第二口腔外科に入局すると同時に大阪大学大学院博士課程の大学院生となったのだった．歯学部や医学部では，歯科医師あるいは医師免許取得後に診療や手術を行ったりしながら，同時に大学院生でもあるという二足の草鞋をしばらくの間，履くことが珍しくない．大阪大学歯学部の口腔外科は口腔がん治療のメッカといわれており，西日本全域から多数の患者が押し寄せていた．大学院の研究テーマをイルカの次に興味があった腫瘍免疫学として，医学部の腫瘍発生学研究部へ学内留学をした．そこでマウスとがん細胞を使った研究にとりかかった．

卵巣がんと線維肉腫というまったく異なる系統の悪性腫瘍細胞を，それぞれマウスの皮下に植えるとはっきりとした固形腫瘍ができる．放っておけばもちろんそのまま死んでしまうが，あるサイトカインとよばれる体内で作られる物質をマウスの腹腔内に投与するときれいに治ってしまう．しかも治ったマウスにもう一度腫瘍細胞を植えても，免疫記憶された腫瘍は瞬く間に排除されて二度と生着しない．この目で見るまでは信じられないような出来事であった．さらに腫瘍細胞を飼い続けていくと，やがてサイトカインが効かない系統を作り出すことができる（Gao *et al.*, 2000）．効く系統と効かない系統とではいったい何が違うのか，それは宿主であるマウスの腫瘍周辺に免疫細胞が到達できる場があるかという場の問題（Ogawa *et al.*, 1999, Uekusa *et al.*, 2000）と，腫瘍

周辺へ到達できる能力を免疫細胞が持っているか否かによるものであった（Iwasaki *et al.,* 2000）．治療が奏功したマウスから免疫細胞を取り出して，特殊な蛍光色素でしるしを付けた後に腫瘍を植えた他のマウスへ静脈内投与すると，綺麗に腫瘍周辺まで辿り着いて腫瘍細胞を攻撃する様子を顕微鏡で観察することができる（Nakajima *et al.,* 2001, Uekusa *et al.,* 2002）．治療が奏功しないマウスからの免疫細胞にはその力がない．そしてサイトカインの効かない腫瘍細胞は宿主に働きかけて場を作らせないようにすると同時に免疫細胞の能力を奪い取ってしまうのだ．おもしろい成果が次々と出てきて，寝食を忘れて取り組んでいたら1年で体重が10kgも落ちて髪と無精ひげが伸び放題になってしまい，日曜の昼間に歯学部の医局に郵便物を取りに戻ったら，たまたま病棟当番を終わって居合わせた1学年上の仲の良い女医に「山から下りてきたかと思った」と驚かれた．

　慣れない大阪での生活と覚えなければならないことが多すぎて，家には寝に帰るだけであった．2年目からは大学で夜を明かすことも増え，毎日動物実験施設で数百匹のマウスの世話をして，腫瘍細胞を飼い続けていたこともあり，数年間は実家に帰らず1日も休まず大学にいた．数本の英論文を書いた後，日本学術振興会の特別研究員にあたったのを機に少し時間が取れるようになった．休日には鳥羽水族館，名古屋港水族館，そして太地町へ車で出掛けるようになった．そこにはやはりイルカプールの前でただひたすら佇んでいる私の姿があった．ところが大学院で研究をはじめた私のイルカやアシカ，アザラシの見方は徐々に変わってきていて，イルカ同士の触れ合い方（今ではラビングとよぶが，当時は名前を知らなかった）や，泳ぐ際のパートナーの交代のパターン，朝晩の泳ぎ方の違いやたまに発する音を聞いていたりした．じっと見続けていると，個体識別ができるようになるのだ．やがて決まった相手と積極的にコミュニケーションを取ったり，何かがプールに飛び込んだりすると音を発していることに気付いた．どうやら彼らには個性や好奇心があって，思っているよりずっと楽しんで泳いでいるように見えた．それまではアシカ，アザラシなどの鰭脚類がずっと個性豊かで，まるで犬のような生き物だと思っていたのだが，イルカにも負けず劣らず様々な個性を感じられるようになってきた．自分にも何かイルカの研究ができないものだろうか．少しだけ研究に自信の出てきた私はそんなことを考え

はじめていた．そしてそのきっかけを見つけるまでにそれほど時間はかからなかった．

再び学生に戻る

　無事に大阪大学の大学院を修了し，博士号（歯学）を取得した後も特別研究員を続けることができた．学内留学先の医学部から歯学部へと戻り，マウスで行ってきた研究をヒト対象にはじめることになった．口腔がんでも同じような標準治療をしているにもかかわらず，なぜか術後成績の悪い集団がいる．ここに同じようなメカニズムが関わっていないだろうかと考えたのだった．研究予算もついて1年間かけて実験系を一から立ち上げていく傍らで，手術にも積極的に参加するようになった．毎日が新鮮で口腔がん以外の診療グループの手術や外来にも可能な限りすべて参加した．自分の所属するグループ以外の専門外来にもずっと出続けている変わった男は同期の中では私だけだった．

　それまで生活の中で研究の占める割合が9割だったのが，急激に臨床が9割に置き変わった生活をしていると，やがてちょっとした違和感を覚えるようになった．西日本の口腔がんの患者が集まってくる大阪大学歯学部第二口腔外科では，当然ながら他の病院で治療困難とされた患者もおおぜいやってくる．それはここであっても治療が難しい症例であった．

　あるとき舌がんが頸部に転移して他の病院では緩和医療を勧められた患者が相談にやってきて受け持ちになった．私は手術ができるものだと思って術前検査を組んで準備を進めたが，画像検査の結果を見て一人愕然とした．頸部に転移した腫瘍が頸動脈にがっちり絡みついていて，これではどうにも切除できない．患者説明の場で上司は一言「ここでも手術は無理ですが，千葉大学の耳鼻咽喉科ならできるかもしれません」とゆっくり話すのを聞いてさらに衝撃を受けた．ここでできない手術ができる施設が国内にまだ他にもあるのかと，その夜は家に帰っても眠れなかった．歯学部でがんを扱う限界を見た気がした．そしてまた，病棟でがん患者の全身管理を続けるうちに自分の医学知識の無さを痛感する出来事が何度もあった．もう一度医学を一から学び直して，自信を持った頭頸部外科医としてやっていきたい．大学院を終えた同僚が次々と有名な海外の研究所や大学へ留学に向かう中で，私はおもむろに学士編入試

験を実施している医学部を探しはじめた.

　学士編入試験を実施している医学部はその当時ほとんどなかった. 病棟で患者を何人も受け持っていたので受験できる週末に入学試験を実施しているところとなると一つか二つしかなかったが, その中に千葉大学医学部があった. 千葉大学医学部耳鼻咽喉科・頭頸部外科は教室の伝統的に頭頸部腫瘍を扱っており, 困難な頭蓋底外科や血行再建術など高度な技術を駆使して他施設で断られたありとあらゆる難症例を積極的に受け入れて, 頭頸部がんの最後の砦といわれていた. 秋に行われる試験までの準備期間はわずか数か月であったが, 早速その年の千葉大学医学部の学士編入試験を受けることにした. 金曜日の病棟勤務が終わると, 同僚に週末の病棟当番を代わって貰って久しぶりに実家に戻った. 土日で2日間の筆記試験を受けた後は大阪へ舞い戻り, 月曜からは何事もなかったように仕事をこなした. わずか定員5名の枠を狙って, 二つの講堂をいっぱいにした各大学卒業以上の猛者が集まる中で, 編入試験の手ごたえなどまったくなかったが, 1か月ほどして忘れた頃に二次試験の案内が来て内心驚きつつも, 再び東京へ向かった. 二次試験は受験者数がグッと減って半分以下となった. 教授数名との面接と研究発表, およびディスカッションであったが, 志望動機を聞いた面接官の一人の教授に「それは君でなくてもできるよね」といわれ「はあ, 確かに」とすっとぼけた同意をしてしまったこともあり, 今度も手ごたえはまったくなかった. 1か月後に合格の知らせを聞いたときはうれしさのあまり夜中に病棟の暗い廊下で, 一人謎の舞を踊りまくり, 帰りの車の中で叫んでいた.

『イルカ・クジラ学』の衝撃

　年を越えて大阪大学歯学部附属病院に勤務しながら, 4月からの千葉大学医学部への編入学の準備と研究や診療業務の引継ぎをしつつ過ごしていた.

　1月のある日, 昼食の帰りに立ち寄った大学生協で『イルカ・クジラ学』（村山ほか, 2002. 東海大学出版会）という本を手に取ったのもこの頃だった. 中をパラパラとめくったまま病棟に戻るのを忘れて読みふけってしまった. 中でも伊藤春香さんが書いた第8章「イルカの体に秘められた仕組みの妙—形態とその機能」を繰り返し読んだ. そこにはスナメリの頸部から肩にかけた系統解剖の写真が1枚だけ載っていた（図

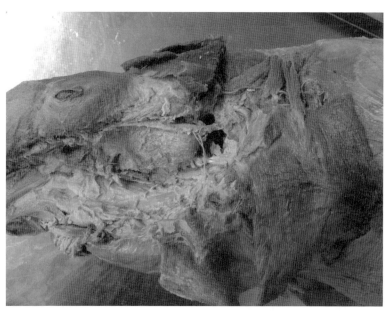

図1.1 「イルカ・クジラ学」に掲載されたのと同じ個体の別の解剖図
のちに私に標本を譲っていただいて解剖を続けた

1.1)．私が専門にしているヒトの頭頚部解剖とよく似ていながら，まったく異なるという大切な事実を如実に物語る，とても雄弁な1枚であった．大変申し訳ないが，書かれていた文章の記憶はほとんどない．その一方で，たった1枚のモノクロの写真を穴のあくほど透かして見つめては，夜中の医局の机の上で一人拡大鏡を用いて神経の走行を追った．世の中にはなんとおもしろい研究をしている人がいるのだろう，就学前から病院の畜尿瓶の中で泳がせたイルカに惹かれ続けた，たった一つの理由は私たちと同じ哺乳類でありながら魚のような形をして海の中を自由に泳ぎ回るという不思議さであったのだと気付いた．真実に迫りつつある研究者が近くにいて，そのアプローチ方法は私が最も好んで学んできた頭頚部肉眼解剖学であったのだ．数日して手に入れた連絡先を握りしめ，国立科学博物館の山田格さん（故人）と，東京大学農学生命科学研究科博士課程の学生であった伊藤春香さんに，前置きもそこそこに「大阪大学の歯科医で口腔外科を専攻していますが，スナメリの肉眼解剖にとても興味があります．文献など教えていただけますか．もうすぐ関東

第1章 最初にイルカを想像したのは病院だった　19

へ戻るのですが，解剖の見学など機会あれば可能でしょうか」とそれぞ
れ連絡を取った．どこの誰とも見知らぬド素人の質問に対して，お二人
とも親切に文献を教えて下さった．伊藤さんは「ぜひ見学においでくだ
さい」と最後に一行を書き添えてくれた．

どこでイルカを研究する？

　あらゆる関係者に驚かれながら，年度末である3月31日の夕方に大阪
大学の医局を辞めた．新学期開始日は4月8日であったので，荷物を先
に千葉へ送って大阪から車を運転して数日かけて関東へ戻った．太平洋
を望む海岸線をゆっくり巡り，車中泊を繰り返しながら海と途中の水族
館を見て回った．伊豆・三津シーパラダイスを訪れたのは，まだ肌寒い
午前中であったが，入口に大きなレリーフがあり「イルカ飼育発祥の地」
と刻んであった．まったく知らなかったので驚きつつ中に入ると，生け
簀でハンドウイルカを飼育していた．なるほど，これならプールは必要
ないと妙に感心した．

　大阪大学から心機一転，編入した千葉大学は医学部専門課程からの入
学だったのですぐに忙しくなった．とはいえ，千葉大学は昔から再受験生，
他大学を中退してきた者や多浪生が普通にいたようで，同学年に同じ年
の者もいて，あらゆる者を穏やかに包み込む空気が学部全体に漂ってい
た．どこにいても心安く，そして勉強は楽しかった．月曜から金曜まで
は医学部の講義と実習で，土日の終日を歯科のアルバイトに充てて学資
を賄った．長期休みがあれば，半分は歯科の仕事をし，残りは東京医科
歯科大学歯学部で研修をしていた．現役医学生より年上の自分のアドバ
ンテージは歯科医師であることだけだった．歯科医師としての技術を卒
業までに最大限あげておくことが自らへの至上命令であったのだ．とい
いながらも，最初の夏休みには早速東京大学へ伊藤さんを訪ねた．

　伊藤さんは歓待してくれた．ビニールシートで外側を厳重にくるま
れ，さらにホルマリンの匂いのきつい白い布に覆われたスナメリの上半
身を周囲も気にせず，その場で開いて見せてくれた．解剖は進んでいた
が，神経も筋もほぼ同じ状態で残されており，写真で追った構造がその
まま残されていた．あの本にあった標本である．感動のあまり卒倒しそ
うになった．伊藤さんとのディスカッションは楽しく，時間を忘れて長
居をしてしまった．そこに同じ博上課程の院生で在籍していたのが，鈴

木美和さん（現日本大学教授）であり，その後数回東京大学へ通ううちに，他の研究室に来ていて出会ったのが植田啓一さん（沖縄美ら島財団）である．東京大学からの帰りの電車の中で，この研究なら自分でも標本さえ手に入ればできそうだと確信した．問題は二つ．どこで標本を手に入れるか，どこで解剖するか．

　解剖する場所のあてはあった．鶴見大学歯学部の解剖学教室である．先にも書いたが，学生時代から解剖学という学問が好きだった．歯学部でも医学部でも人体解剖実習があり，提供された御遺体に対し，膨大な手間をかけて全身をくまなく解剖する．そして恩師である小寺春人先生は比較解剖学に造詣が深い方であり，山や海や，通勤途中の道路上などから，ありとあらゆるものを拾ってきてはご自分で標本にし，あるいは解剖されていた．それゆえ何を実習室へ持ち込んでもきっとおもしろがってくれるという確信があったのだ．千葉へ戻ってきてすぐに解剖学教室へ遊びに行っていたので，早速伊藤さんのところへ行った話を報告しにいった．案の定先生は目をキラキラさせて話を聞いてくださり，標本が手に入ったらぜひ一緒にやってみたいといってくださったのだ．

はじめての全身骨格標本はわからないことだらけ

　少しして伊藤さんから連絡があった．茨城県アクアワールド大洗水族館の酒井孝さんに電話をしろというのだ．標本譲渡の交渉をしてくださったらしい．すぐに電話すると「いちばん大きいポリバケツを二つ，車に積んで来てください」とだけいわれた．急いで近くの専門店に行っていちばん大きなポリバケツを買ったらなんと車に載らなかった．駐車場から店員に説明をして，車を測ってからもう一度店内に戻った．二番目の大きさがちょうど良いといわれて，取り換えて貰ってから夜の明けるのを待って自宅を出発した．水族館に着くと挨拶もそこそこにスコップを一本手渡され「あそこに埋まっているから！　掘って！」と裏庭の一角を示された．会った瞬間に秒ではじまる体育会系のノリに「はい！任せてください！」と無責任な返事をし，すぐに一心不乱に地面を掘った．大分掘った頃に，何だか視線を感じると同時に首筋にゾワゾワした感覚を覚えた．振り返れば水族館の上のほうから，何人もの一般客に見下ろされていた．あそこで一人黙々と地面を掘っている怪しい奴がいる，何事だろうと話しているのを瞬時に読唇術で読み取った．少し休むふり

第1章　最初にイルカを想像したのは病院だった　　**21**

をしてスコップを腰に当ててエビぞりをしながら後ろを見ると，どんど
ん人が増えていくのがわかった．「なぜだ！　ほっといてくれ！」と思
いながら，再び無心で掘り進めている自分がいた．視線など気にしては
ならない，心を無にしてただただ掘り続けるのだ，今はそれだけが人生
だ．しばらくして酒井さんが戻ってこられた．上下のつなぎに首にはタ
オルを巻き，手にはスコップを持って．気配を消した酒井さんに背後か
らすっと忍び寄られ，耳元で「あー，まだまだだねー！」と大きな声で
声をかけられた．驚いてビクン！　とスコップを取り落とす私をそっち
のけで彼は反対側へ回ると，ものすごいスピードで掘りはじめた．ここ
で負けてはいられない．ほとんど出たことがないにもかかわらず，小学
校の運動会，最後の学年対抗リレーで流れた『天国と地獄』が脳内リピ
ートを延々と繰り返す中を，史上最速のマックススピードで掘っている
と，突然「はい！　ストップ！」とさらに大きな声を発せられた．私は
ビクン！　と再び驚いてスコップを取り落とし，見上げれば水族館の上
の人だかりはさらに増えていた．

　「ここからは，手で掘って」

　おおう？　と思いながら両手でかき分けるように掘ると，すぐに茶色
い骨が出てきた．肋骨であった．「おおーっ！」と叫びながら骨を高
らかに掲げ，真上に登り切った太陽からの光を透かして見つつ土を頭か
ら浴びている私の眼には，建物の一角に集まってこちらを見下ろしてい
るおおぜいのギャラリーの視線が痛いほど突き刺さった．みなが恐れお
ののいているように見えた．やがて頭骨の一部が土から出てきて，興奮
は最高潮に達した．はじめてイルカの骨をじっくり手にして見る機会で
あった．

　オキゴンドウの全身骨格であった（図1.2）．

「何もわからない」という喜び

　この個体はかつて水族館で飼育されており，生きていたときは体長が
5mもあった．頭蓋骨はズッシリと両手に重い．すべてが想像していた
サイズを超えていた．まるで自分が讃えられているような錯覚に陥りそ
うになりながらも，かろうじて我が身を現実に押し留めた．酒井さんは
うれしそうな顔で「頑張って研究してください！　そして我々に教えて
ください！」とやはり大きな声でガハハと笑いながら背中を思いっきり

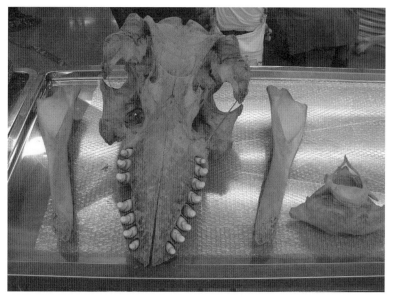

図1.2 洗って乾燥させたオキゴンドウの頭骨と頸椎（裏から見る）

引っぱたいてくれた．すごい標本を貰ってしまった．あまりのうれしさに私は少し宙に浮いていたと思う．どうやって家まで帰ったか覚えていないが，車を運転しながら何度も途中で停車してはポリバケツを振り返ってにやけるという，色々な意味で危ない状態で家まで戻ったことを覚えている．

全身骨格が入ったままのポリバケツを積んだ車を運転してアルバイトに通い，歯学部の解剖学教室に運び込んだのはそれから1週間後のことだった．夏休みの誰もいない午後の光の差し込む解剖実習室で骨を丁寧に洗って乾燥させた．骨の一つひとつを愛おしいと思った．夢にまで見たイルカの標本が自分のものとしてここにある．そして骨は「勉学，勉学」と大きな声で語りかけていた．しばらく感慨にふけってから，おもむろに骨の同定を試みた．

大変なことに気が付いた．何もわからないのである．脊柱（背骨）を構成する椎体と肋骨はわかる．それ以外は何一つわからないのである．つい繰り返してしまったが，肩の骨ですら危うい．ましてや頭蓋骨はお手上げであった．ヒトの骨ばかり触ってきたとはいえ，哺乳類の骨格に

第1章 最初にイルカを想像したのは病院だった 23

はある程度の規則性がある．正しい名称はわからなくても，なんとなくヒトであったらどこに相当するかはわかるものなのである．こんなこともあろうかと，論文をいくつか手に入れてあったのだが，どれも古い論文ばかり（形態学の論文は古いものが多い）で心もとない．日本語の教科書はもちろんなく，バラバラになった骨の名称が解説されている洋書を手に入れることができた．それでもやっぱりよくわからない．ワクワクとした興奮で身震いがした．大好きなことがわからないというのは最高だ．目の前に未知のフィールドが果てしなく広がっていて，どっちへ向かって全速力で走っても構わないのだ．凄いことだと思った．人体解剖学は最も歴史があり精緻な学問である．ヒトは有史以来自らを長い年月をかけて詳細に調べ上げてきた．いくらでも教科書があり，標本があり，学ぶ機会も教えてくれる人もいくらでもいる．では鯨類の骨学は？

足寄動物化石博物館館長（当時）の澤村寛さんが話を聞きつけて，北海道からオキゴンドウの骨を見に来られた．解剖実習室で途方に暮れている私を見て「ヒトとクジラを横に並べたってわからないよ，間にいくつか置くんだよ」とイシイルカと豚の頭蓋骨をすぐに送ってくださった．恩師に譲ってもらったイヌを加えたそれぞれの頭蓋骨を机上に並べ，家畜解剖学と人体解剖学の教科書を横に置いて毎日横目で眺めることにした（図1.3）．これは比較解剖学を学ぶうえで大切な作業で，何かのついでになんとなく骨を触り，そして調べ，また触るということをずっと繰り返していると，あるとき突然わかってくることがある．

時が経つにつれて色々なことが腑に落ちてくるようになると，オキゴンドウに向き合ってもわかったような気になってくる．徐々に骨の名前を憶えてくると，今度は形の不思議さに魅せられてゆく．なぜこんなに頬骨弓が細いのか，なぜこんなに同じ形をした歯がたくさん並んでいるのか，哺乳類では頭蓋骨の一部となっている耳の骨が離れてしまうのはなぜか，そして肉がついたままのイルカの頭部と頭蓋骨となったイルカの頭部の間には何かが存在する大きな空間があった（図1.4）．

あの得体の知れない，哺乳類として不思議な進化を遂げた鯨類の頭部にはいったいどんな秘密があるのだろう．ヒトの頭頚部領域を専門にしていたこともあり，色々な論文を読んで不思議に思ったのはやはり鯨類の頭頚部のことであった．彼らは喉（喉頭）ではなく，鼻で音を出すという．まだ私には目の前にあるイシイルカの鼻はただの大きな空洞にし

図1.3 左上から時計回りにブタ，タイワンザル，イヌ，タヌキ，中央にイシイルカ
これにヒトとオキゴンドウを並べて毎日見比べた

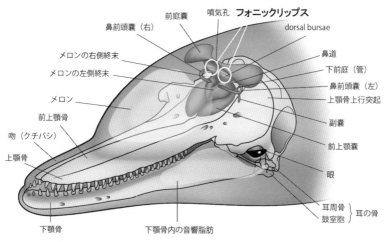

図1.4 エコーロケーションに関する各器官をあらわす模式図
（植草康浩ほか，海獣診療マニュアル上巻，学窓社，2022より引用）

第1章 最初にイルカを想像したのは病院だった

か見えない.

珍獣オガワコマッコウは突然に

いくつかの水族館の方と話すにつれ，ストランディング個体や飼育個体が死んで解剖をする際に，胸腹部内臓は調べるが頭部に生じる病気が原因で死亡することが少ないことや，解剖の理解が難しいことなどから頭部まではなかなか手が回らず，手付かずで冷凍庫に保管されている例があることを知った．頭部だけならサイズ的に取り回しがしやすく保管スペースにもそれほど困らない．私はまだ医学部の学生であったし休日は歯科医師として働いていて，イルカの研究は余暇の時間に手弁当で行うことに決めていた．講義や実習の無い日，夏休みなどの長期休暇を充てるにはあらかじめ標本を集めておき，一気に作業できるようなテーマが良い．腫瘍免疫学ではそうはいかないが，解剖学はその点の自由がきいた．論文の古さや少なさを見れば世界でも私のようなもの好きはそれほど多くないこともわかっていた．これを研究業績にしようとも思っていなかった．様々な種の頭骨の骨格標本も集めておきたいし，伊藤さんは肩や下顎および舌骨の周辺を調べているが，鼻や鼻囊周辺ならば研究領域が重なることもない．そもそも私自身の強い好奇心があった．

「イルカの鼻囊と発声器官を調べよう」

そんなことを考えているうちに，また酒井さんから連絡があった.

「コマッコウ上がったんですけど要りますか？」もちろん二つ返事で取りにうかがった．まだオキゴンドウのことは何一つ説明できていない．何も聞かないでいてくれるやさしさがうれしかった．ストランディング個体はオガワコマッコウであった．死後漂着で腐敗が進みつつあったので，海岸で解剖され一部を地中へ埋設した後，頭部だけを切断して取っておいてくれた．このときにオガワコマッコウをはじめて見たが，この標本がまた私を混乱させた．およそイルカらしくないのである．この表現には語弊があるのだが，そのときはそう思った．常温で送っては危険な香り（腐敗臭まではいかないが）がしたので，慌てて厚いビニール袋に二重にしてガムテープでぐるぐる巻きにした後，魚用の発泡スチロールをもらって水族館近くの運送会社へ持ち込んだ．冷凍便「標本（生もの）」と書いて.

医学部が試験期間に入ってしまい1週間ほど歯学部へ解剖に行けなか

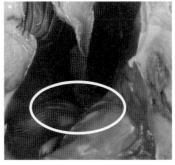

図1.5 オガワコマッコウとイシイルカのフォニックリップス（丸）

ったので，その間コマッコウ科の頭部解剖の論文を探したがほとんど見つからない．それでも何本か手に入れて読んでみるものの，図の立体構築がよくわからない．マッコウクジラやコマッコウの仲間は鯨類の中でも特に変わった形をしている．鯨類などの大きなグループの肉眼解剖学を学ぶ際には，基本的な形態（たとえばマイルカ科やネズミイルカ科など）を学んでから変わった種へ取り組むべきであって，明らかに初心者として手を出す相手を間違えているのだが，そのときは何もわかっていなかった．標本は何もこちらの都合に合わせてやって来てくれるわけではない．何の準備もしていないときに限って，ある日突然やってくる．とりあえず手に入れたものから順番に取り組んでいくしかないのだ．オガワコマッコウは外洋を主な生息域とする珍しいハクジラ（現生のクジラのうち，顎に歯を持つグループのこと．他にヒゲクジラがいる）で，その生態もいまだによくわかっていない．日本ではその年によるが，年間でおよそ数例もストランディングしない．そして私のはじめての鯨類肉眼解剖は珍獣オガワコマッコウからはじまった．

　発声器官の解剖では直接音を出す場所とされているフォニックリップス（モンキーリップスともよぶ）のことしか頭に入っていなかったので，まずは鼻の位置が大きくずれていることに驚いた．オガワコマッコウのフォニックリップスはわかりやすい形をしているが（図1.5），周辺に乳頭状の突起物が出ている管腔に包まれ，ちょうど正面にキャッチャーミットのような形をしたクッションとよばれる構造がある．どうやらフォニックリップスで発生した音はすぐクッションに入って反射するように見える．医学部では喉頭学にて音響医学を学ぶが，そこから考えればこ

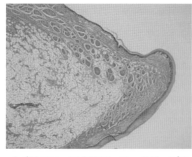
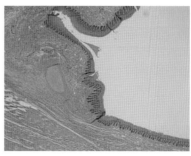

オガワコマッコウのフォニックリップス　　イロワケイルカのフォニックリップス

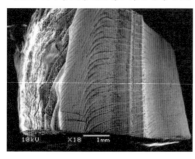

オガワコマッコウのフォニックリップス
電子顕微鏡像

図1.6　オガワコマッコウとイロワケイルカのフォニックリップスはヒトの声帯に似ている

れは共鳴腔あるいはフィルターの役割を担っており，網目状構造物であることからフィルターの方がしっくりくる．発生した音域の一部をカットしていることは間違いなかったが，肉眼解剖ではそれ以上のことはわからなかった．これに関しては北海道大学の黒田実加さんがサイドブランチ型（本来音が伝わっていく通路の横に別の通路を設けることで，そこから反射してくる音と本来の音とが一部を打ち消し合って，ある高さの音がカットされるような機能を持つ構造物のこと）の消音機能を持つのではないかと後に述べている．通常の組織染色と電子顕微鏡で形態観察を行ったところ，フォニックリップス先端部は粘膜上皮と粘膜固有層浅層とを併せた部分がやや粗で，確かにヒトの声帯のように振動しやすい構造をしているようであった（図1.6）．

研究場所の開拓は交渉ひとつ

　千葉大医学部では基礎配属というカリキュラムがあった．希望する基

礎医学の教室に一定期間所属して研究を行うのである．外科系で腫瘍免
疫学を専攻していたことや，病理解剖手技をきちんと学びたいという想
いから病理学教室を選択していた．私の素性をご存じの石倉浩教授（故
人）はおおらかで，何でも好きなことを全部やりなさいといつも声をか
けてくれた．私は古屋充子助教（現北海道大学客員臨床教授）と松井勉
技官とに文字通り手取り足取り教えていただいて，ヒトの病理解剖に助
手で参加するところから臓器の切り出し，プレパラート標本づくりや病
理レポートの作成まですべての過程を教えていただいた．大阪大学での
院生時代にマウスを触っていたので臓器の切り出しや染色はずいぶんや
り込んだ自覚があったが，同じ手技でも教室によってちょっとした違い
があり一つひとつの過程が新鮮でおもしろかった．

　ある日の夕方，食事をしながらだったと思うが古屋先生に「植草君は
何が好きなの？」と聞かれたのを幸いに，堰を切ったような勢いで打ち
明けた．小さな頃からイルカが好き過ぎて，思い余って東京大学の研究
者のところへ押しかけたこと，水族館で標本を貰って歯学部の解剖学教
室へ持ち込んで勝手に勉強していること，そして海獣の形態学や病理学，
さらには治療にも興味があって取り組んでいるけれど，材料がなくて困
っていることなど口角泡を飛ばし熱苦しく語った．おそらく先生は気
軽に趣味のことを尋ねただけだろう．イルカへの情熱だけで生きている，
すっかり勘違いした私は語り出したら止まらない．面食らったような顔
をして最初は聞いていたが，徐々に身を乗り出してきて思った通りの反
応であった．医学者として海に棲む哺乳類がいると聞けば，気になるこ
とだらけのはずなのである．ヒトとの構造や機能の違いや水棲適応の妙，
これがおもしろくないはずがない（という勘違いで私は生きている）．

　とうとう最後に切り札を切ってみた．「イルカの臓器を持ち込んだら
一緒に診て貰えませんか？」最後の言葉までいい終わらないうちに先生
が言葉を被せてきた．「おもしろそう！　教授にも聞いてみるけど，き
っと大丈夫と思うわ」

　こうして，病理へもイルカの標本を持ち込むことに成功した．

イルカの肺は丈夫で広がりやすい

　混獲したスナメリの各臓器の病理検査をアクアワールド大洗から依頼
されたのはその頃だった．現場で解剖後であったため摘出した臓器の一

第1章　最初にイルカを想像したのは病院だった　　**29**

部を送っていただき，医学部の講義が終わった後に大学で切り出した．

混獲とは漁業の網に偶然かかってしまうことで，救出のため船に上げたところで死亡が確認された．新鮮個体でおそらく溺死以外の有意な所見はあるまいと思って各臓器の検査をしたが，果たしてその通りだった．イルカ新生仔の臓器も提供していただくことができて，これらの標本がイルカの正常組織の大変良い勉強の機会になった．当時イルカの組織学や病理学の教科書はなかったので，横にヒトとマウスの切片を並べて一つひとつ顕微鏡で丁寧に見ていったが，特に腎臓と肺に特徴があった．どちらも哺乳類の水棲適応に重要な器官であることは想像に難くなかったので，大量に組織標本を作って慎重に取り組んだ．

鯨類は私たちと同じ肺呼吸であるが，水中生活をするには潜水機能の向上が望まれる．また主な生息場所は海なので周囲はすべて海水である．魚たちのような塩類細胞を持たない哺乳類は，海水を飲んで生きていくことは本来できない．もちろん身体に水分が必要なことは私たちと何も変わらない．イルカは水を飲まないといわれているが，どの程度のものなのか大変興味深いテーマだった．友人の生理学者である鈴木美和さんが腎臓も対象に研究をはじめたことを聞いていたので，私は専ら気管および肺の形態を観察した．

鯨類の肺はとても変わっていて，これまで見たことがなかった．ヒトやマウスとは異なって肺の末梢まで軟骨や平滑筋があり，肺胞は二重壁になっている．末梢まで支持構造があるのは物理的に丈夫にした水圧対策で，肺胞壁が二重構造なのも表面積を広げて1回換気で効率良くガス交換をするためであろう．いくつかの論文で肺の構造に関しての記載があったが，スナメリでの報告はなかった．おそらく色々な種で古い段階で獲得された構造なのだろう．末梢まで支持構造があるのも驚きだが，肺胞だけは構造物で支持してしまうと壁が厚くなってしまいガス交換にはかえって不利になるので，ヒトではサーファクタントという界面活性剤を分泌して肺胞の表面張力を低下させて膨らませやすくする．免疫染色で分布を見るとスナメリの肺胞はサーファクタントを分泌するとされるII型肺胞上皮細胞様の円柱上皮に裏打ちされ，ヒトやマウスにおける平坦なI型肺胞上皮細胞主体の構造とは異なっており，これらのことからイルカの肺は丈夫で広がりやすいことがわかった（図1.7）（植草ほか2008）．

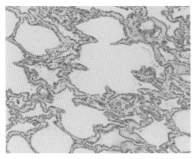
スナメリの肺

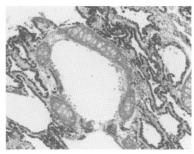
スナメリの末梢まである軟骨

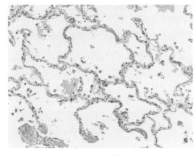
ヒトの肺

図1.7 スナメリは肺の奥まで軟骨があって，ヒトに比べて肺の壁が厚い特殊なかたちをしている

　色々な疑問が解消されて大分満足していたのだが，古屋先生から一言「発表しないとね」と囁かれた．先にも書いた通り趣味のつもりでかかる費用はお小遣いからの持ち出しだったし，研究に充てる時間も余暇から捻り出していた．とはいえこれだけたくさんの方々に骨を折っていただいているのだから，共同研究として発表して各人の業績にしなければならない．

　私は2006年に医師となり松戸市立病院(現松戸市立総合医療センター)で研修医をしていたが，この病院では1年目と2年目の研修医が二人一組で夜間の救急当直をしていた．高度救命センターもあり，そこでも1年目がまず患者を診るという厳しい指導で有名な病院であった．すでに耳鼻咽喉科・頭頸部外科に進むことにしていたので，関連のありそうな臨床経験を積み上げたいと救急科と外科，循環器内科と消化器内科を選択していた．研修医用の借り上げアパートは病院から徒歩5分で，毎日

のようによばれていた．ヒトの症例で学会発表をすることになっていたので，趣味であるイルカでの発表準備の時間をこの中にねじ込むのはなかなか骨の折れる作業だった．

マスストランディングの原因は寄生虫による内耳神経障害か

　神田の古書店街は実家からそれほど離れていなかったこともあり，中学生の頃から入り浸っていた．その日も朝から病院の貴重な休みを充てて，医学書と歯学書を手に入れるために訪れていた．いくつかある行きつけの古書店の中に鳥海書房という鯨類関係の充実した生物学の専門書店がある．いつものようにふらっと立ち寄ると，棚に『イルカの集団自殺』という本を見つけた．書いているのは宮崎大学医学部耳鼻咽喉科教授（当時）の森満保さん（故人）だった．医師でイルカやクジラを研究していた方は意外と多い．近代鯨類学の祖とされる小川鼎三氏（故人）も医師・解剖学者であったし，彼が率いた東京大学医学部解剖学教室は大学院生を中心に研究がすすめられ，しばらくの間，本邦鯨類学（主に形態学）のメッカとなっていた．それでも意外に思って手に取って読みはじめたらおもしろい．カズハゴンドウとオキゴンドウの集団座礁（マスストランディング）を寄生虫による内耳神経障害が原因でエコーロケーションができないためであると結論づけている．イルカの集団座礁はアリストテレスも記載しており，日本の古事記にも書かれている．はるか昔からその原因については集団自殺説，砂浜無反響説，餌の深追い説，リーダー誤導説，過剰生息説，潜水艦ソナーや汚染物質などによる環境不適応説，冷水説などのほか十指に余るほど発表されている．

　私は耳鼻咽喉科医になろうとしていたものの，まだイルカの耳の解剖をじっくりとしたことがなかった．森満さんはすでに耳鼻咽喉科教室の教授で，中でも耳科手術の第一人者として有名であって，まさにイルカの耳の研究をするために生まれてきたような方であった．ところがイルカに目がくらんでいる私は，いつものように同じ熱量で森満さんに連絡を取ってしまった．ずっと年下の，何もわかっていない研修医のぶしつけな質問にもかかわらず森満さんは丁寧にお返事を下さった．彼はイルカ関係の研究会で発表するという．俄然やる気が出てきて，最初のイルカの肺の発表を同じ研究会ですることにした．

　研究会場で森満さんとはじめてお会いした．「おそらく耳鼻咽喉科医

でイルカの研究をしているのは，世界でも僕と君だけだろう．いわなくてもやるだろうけれど，ぜひ研究を続けなさい（笑）.」と論文の別刷りをくださった．

　臨床研修を終えて念願の千葉大学耳鼻咽喉科・頭頸部外科へ入局した私は，二つ目の博士号取得のため千葉大学大学院医学研究院博士課程にも同時に進学した．たいていの人は医師か歯科医師どちらか一方の免許だけで，医師・歯科医師でそれぞれの博士号も二つ得ようとする変わり者は私ぐらいだった．それはさておき，千葉大学へ入局後の最初の夏休みをすべて充ててヒトの耳の解剖実習をさせて貰った．もちろん専門の勉強のためであるが，イルカの耳を解剖する準備も兼ねていた．今度の大学院では，ヒトの腫瘍免疫とアレルギーの研究をテーマに研究をはじめた．大学病院では手術に参加しながら，高度先進医療を目指したヒト腫瘍免疫療法をはじめた．医局では大学院生としてマウスにアレルギー感作を起こさせて，アレルギー反応を軽減させるための治療（減感作療法）の作用機序の解明と，その際の最適な投与法についての研究をはじめた．朝は6時過ぎに家を出て大学へ向かう．1日を終えて病棟の仕事が落ち着くのはだいたい夜の9時くらいでそこからが研究時間であった．時にはマウスを仕込んで朝の3時や4時に検出機械を稼働させることもよくあった．一気に忙しくなって土日も家に帰れなくなった，ということはイルカの研究もお休みになってしまったということである．とはいえ，研究の合間に相変わらずイルカの耳とエコーロケーション，発声器官の論文を読んではあれやこれやと夜中に考えていた．次にイルカの標本が手に入ったら，音を出す場所をきちんと自分の眼で見てみたい，同時に耳の解剖をして本当に寄生虫による内耳神経障害がエコーロケーションに影響するのかを調べるため，森満さんの研究の追試をしようと思っていた．

肝臓がんになった話

　大学病院で働いてはいるものの大学院生は職員ではないので，自分で毎年の定期検診を受けなければならない．いつもお願いしている近所の内科で肝臓の超音波検査をしてもらっている途中で，必要以上に検査時間が長いことに気付いた．それまでまったく気にしたことがなかった画面を横目で見ると見慣れた白い塊があるのがわかり，すぐにピンときた．

間違いない，これはがんだ．

やがて「ご説明いたします」とその場で告知された．血管腫の可能性もあるが前回の検査にはなかったこと，悪性腫瘍であれば早期がんではなくステージ2に入っていること．すぐに検査を組んでくれたが，医院を出て上司である岡本美孝教授（当時）に急いで相談したいことがありますとメールした．土曜の夕方であったと思うが，すぐに返事が来た．

「これから大学へ来てください」

教授はすぐに消化器内科，肝胆膵外科の教授へ連絡してくださり，あっという間に検査と手術の日程が決まった．全身転移の有無の検査のときはさすがに願ったが，それで運命が変わるわけもない．幸いにしてステージ2のまま手術を受けることができ，術後10日で退院した．とはいえ切腹のごとく大きく開かれた傷痕はいつまでも痛いし，そのせいでよく眠れず1月半ほど自宅療養させてもらった．大学院の研究は一部を同僚に引き継いでもらった．身内からは働き過ぎだといわれ，これまでがむしゃらに進んできた生き方を切り替えるよう啓示を受けたのではないかと考えた．教授をはじめとする周囲の方々の暖かいサポートでアレルギー疾患に関する学位論文もまとめ，二つ目の博士号（医学）も無事に取得した．生きていられる間は一人ひとりの患者と丁寧に向き合う仕事の仕方に変えようと考えていたところへ，ゆっくりで良いから来ないかと前准教授の寺田修久先生が数年前に，はじめておられた医療法人に誘っていただいた．

在野でたまに小手術を行う外来診療を中心とした仕事をはじめてから，これまで大学でやっていた手術や研究が一般の医師としては異色であったことに気付かされた．毎日が刺激的で学ぶことは多く，生まれ変わった気がして世の中の景色がずいぶんきれいになったようだった．再発に怯えながらも身体はだいぶ楽になってきたので，これまでやっていなかった趣味をいくつかはじめたが，頭の中には常にイルカのことがあった．

イロワケイルカの解剖

鶴見大学に預けてあったオガワコマッコウの解剖を再開して神戸での研究会で発表したのは，前回スナメリの肺の発表から四年半が経った冬であった．何でもない普通の発表であったものの，がんになって数年間療養していたけれどこの世界に戻って来ましたと話すと，色々な方に「お

帰りなさい」と声をかけていただいた．そこでマリンピア松島水族館（現在は閉館）の神宮潤一さんに「うちに大事にとってあるイロワケイルカの標本があるのですが，ぜひ解剖して研究に使ってください」と申し出ていただいたことで私は色めき立った．かつて学生時代に通ったサンシャイン水族館（現在は飼育していない）のプールサイドで，一人イロワケイルカを穴のあくほど眺めていたからだ．そしてオガワコマッコウ同様，イロワケイルカの解剖の報告もほとんどなかった．早速次の週末，始発の新幹線で松島へ向かった．

　マリンピア松島水族館はとても素敵な水族館だった．決して広くない館内をモノレールが走り，子どもも大人も懐かしそうに笑っていた．実家のすぐ傍にある花やしきと同じ匂い．このとき獣医師の田中悠介さん（現仙台うみの杜水族館）とトレーナーの寺沢真琴さん（現仙台うみの杜水族館愛玩動物看護師）に出会った．お二人にはペンギンの採血とアシカショー，イロワケイルカのハズバンダリートレーニング（受診動作訓練）の様子を見せていただいた．神宮さんにはパイプが天井を縦横に走る狭い廊下の角でポリバケツに入ったホルマリン漬けのイロワケイルカの全身と，冷凍された個体の頭を見せていただいた．固定（ホルマリンによる防腐処置）の状態は申し分なかった．イルカの全身をホルマリンできれいに組織固定することは，実は大変難しい．ヒトの場合は亡くなって早い段階で股の付け根を切開して太い血管を探し，そこからホルマリンを流し込んで全身の還流固定をする．イルカには脚がないのでこれができない．頸部の動脈から還流固定を試みたことも，頭部のメロンに大量に注射器で刺してホルマリンを入れてみたこともあるが，どちらも上手くいかなかった．鯨類は血管の走行が変わっていることの他に，外皮と皮下脂肪（ブラバーとよばれている）が厚く，どうやらホルマリンが隅々までいきわたりにくいのである．東京大学の伊藤春香さんは先に外皮だけを剥いてしまってからホルマリンに漬けるやり方を採用しているが，今のところ彼女の固定方法がいちばん確実である．しかし頭部の皮筋（皮膚に直接ついている筋肉のこと）からの解剖を目指している私にとっては，できれば皮膚を剥かずに最初からきれいに固定したいと常々考えていた．マリンピアに眠っていた標本では，固定がすでにきれいに完了していて驚いた．「亡くなってすぐそのまま濃いホルマリンに漬けたんです．もう10年じゃきかないほど前ですね．この子はずっとこ

こにいます」しっかり密閉された状態で，まったく顧みられずに高濃度のホルマリン中でずっと一定の状態で放置されていたことが幸いした．通常の固定では10％ホルマリンを使用するが，それよりもずっと濃いことは匂いでわかる．本当に長い間，ここで私を待ってくれていたのだろう．神宮さんは貴重な二つの標本をどちらも快く譲渡してくださった．

わかったことは書こう　次の人のために

　骨格標本作成のためにはイルカの頭からできる限り肉をはずした後に，タンパク分解酵素と共に酵素の働きやすい至適温度でしばらくの間，煮ておく必要がある．イルカは吻部が長いためすべてが浸かる適当な大きさの鍋が大学になかったので，実家近くの合羽橋道具街で大きな寸胴鍋を二つ購入した．サーモヒーターも手に入れて，タンパク分解酵素を分けてもらって頭を煮ながら隣でイロワケイルカの解剖をした．ヒトの系統解剖と同じ感覚でできて，とても楽しい作業だった．古い論文を傍らに置き外皮とブラバー，その下の筋肉を丁寧に剝がしていった．標本の固定状態がすばらしいので，層を分けるときれいに指が間に入った．神経の同定もスムースで，今まで何回やってもわかりにくかったフォニックリップスをはじめとする発音に関わる鼻嚢やその周囲の筋構造の理解が腑に落ちた（図1.8）．このことがきっかけになったのか，多くの施設からストランディング個体や施設で亡くなった個体提供の申し出をいただき，ネズミイルカ科やマイルカ科，コマッコウ科などの解剖を行っていくうち，わからないでいた内容の整理がついてきたように思った．解剖学教室には手先が器用で，解剖手技をすぐにマスターし汚れ仕事も積極的にこなしてくれていた小寺稜君が出入りしていた．彼の修論の図を引用して共著者として論文（植草ほか，2017）に加わってもらったが，助手となり解剖学者として歩まれるとのことで英論文の執筆は彼に任せて私はいそいそと本作りをはじめた．

　すでに書いたように，日本語の鯨類解剖に関する教科書や参考書が少ないことでとても苦労してきた．海外に目を向ければ古いムックや骨のパーツを個別に扱った書籍が少しはあるものの，初学者あるいは他分野の専門職からの照会には不足する記載にも不満があった．鯨類解剖学やそれに基づく臨床応用はヒトの医学・歯学の眼で見ると不十分な気がしていた．それが私の仕事でないことは明らかであったが，これまで述

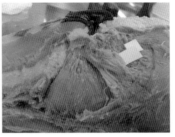

図1.8 イロワケイルカは固定がきれいで，解剖しやすかった

べてきたようなたくさんの関係者の方々の手厚い親切心に触れるにつれ，後学の徒に何かしら手掛かりとなるものを記すことで自分なりに少しでも鯨類学への恩返しができないかと思っていたのであった．

クリスマスツリーが輝く中を人々が楽しそうに行きかうJR大井町駅前の焼鳥屋で伊藤春香さんと忘年会を開いたある冬の夜，酔った勢いも手伝ってその思いをぶつけてみた．私の力ではとうてい無理だといわれるだろうと思いながら話したのだが，驚いたことに伊藤さんは大賛成してくれた．基礎から臨床まで広く使える入門書と専門書との側面を持たせること，畏友である鯨類古生物学者の福井県立恐竜博物館副館長一島啓人さんと水族館獣医師の植田啓一さんを著者に加えることだけを決めた．知り合いから出版社を紹介してもらい，あれよあれよという間に準備がはじまった，『鯨類の骨学』（植草ほか，2019．緑書房）である．

エコーロケーション障害の原因は顔面神経麻痺か

同じ頃，横浜八景島シーパラダイスのトレーナー（後に館長）の奥津健司さんに譲っていただいた単体でのストランディング個体標本で発声器官と耳周辺の解剖を一所懸命していたが，確かに寄生虫の迷入を見ることはまれにあるものの森満さんがいうような寄生虫が脂肪を食して内耳神経を直接犯している症例にはなかなか出会えなかった．しかし胃内が空っぽで他に原因がはっきりしない個体は確かに一定数存在し，エコーロケーション機能不全という可能性は残る．森満さんはマスストランディングを主に見ていたが，私は少なくとも単独でのストランディングでは他にも原因があるのではないかと思いはじめていた．彼は耳の解剖から入ったので内耳神経を主に見ていたが，私は発声器官を探索の目的

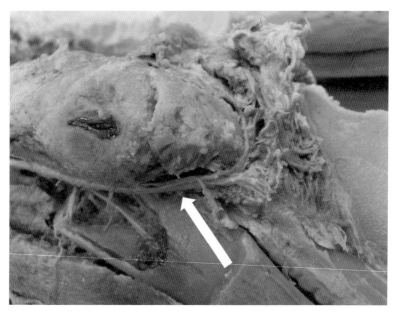

図1.9 顔面神経は同定しやすい（矢印）

として鼻嚢と顔面周囲の解剖から入ったので，その関連器官のすべてを運動神経として顔面神経が司っていることに興味が湧いていた．森満さんに尋ねると顔面神経は特に注目したことがないとのお返事であった．鯨類の顔面神経は太く，眼窩の下を走っているので耳の下から開けばすぐに到達できて同定も楽であった（図1.9）．この神経は耳周骨に入って途中からは内耳神経と一緒になって脳へ到達するのであるが，元々この部分はヒトなどでは側頭骨の一部であった．顔面神経がこれだけ太いということは内耳神経と同様，イルカにとって大切な神経であることは間違いない．内耳神経はエコーロケーションで対象物に反射して戻ってきた音を受信して脳へ伝え，顔面神経はエコーロケーションの音を出す発声に関わるすべてを動かす神経であった．

　暑くなりはじめたばかりの，どこまでも青い空の広がる初夏のことであった．通勤電車の中で病院へ仕事に向かっているときに，思わず声が出てしまった．「あ！」横にいた年配の男性の驚いた顔を覚えている．次の声はかろうじて心の声とすることができた．『……（末梢性）顔面神経麻痺だ！』ヒトではよく遭遇する，ヘルペスウイルスをはじめと

した様々なウイルス感染が原因となる比較的ありふれた疾患である．罹患の程度も様々で原因ウイルスも一つではなく，犬や猫をはじめとした色々な動物種でこの病気の報告がある．まさに私の専門分野で，日常的に診療していた．これらのウイルスは初回の感染が成立した後，生涯にわたって宿主の中に存在する．特に神経組織を好んで侵し，何らのきっかけで宿主の体力が落ちたときなどに再増殖して主に神経組織を犯す．ヒトなどの陸棲哺乳類の多くでは，脳を出た顔面神経は側頭骨内を顔面神経管とよばれる細い骨のトンネルの中を通って耳の下方付近から骨を出て，いわゆる表情筋に分布する．ウイルスによって侵された神経は炎症で腫れるが，狭い空間である顔面神経管の中では腫れることにより自分自身を痛めて麻痺を生じてしまう．必ずしも狭い場所でなくても神経の機能を脅かすこともある．

　同じウイルスによる感覚神経が侵された病気としては帯状疱疹が有名で，運動神経などでは顔面神経麻痺や舌咽・迷走神経麻痺などを起こすことがある．麻痺が高度で症状の遷延したヒトの手術症例では顔面神経管を開放した際に腫脹を肉眼的に確認できるが，そのつもりで見にいかなければ経験を積んだ者以外にはわからないので，ストランドしたイルカの顔面神経が腫れているかどうかを解剖してその場で肉眼的に罹患の有無を鑑別することはほぼ困難である．そしてこれらのウイルスは動物界に広く存在しており，イルカでも感染報告例がある．全身感染と顔面神経への感染とは病態も異なるものの，全身感染例があれば局所的に顔面神経麻痺の生じる可能性があるとほぼいってよい．ひどい症例では神経の麻痺は永久的であるが，ウイルスの種類や麻痺の程度によっては自然回復もあり治療も可能である．ストランディング個体や，ライブストランド個体が水族館で収容されて回復する事例の中に顔面神経麻痺によるエコーロケーション障害を生じた個体が含まれていても矛盾はなく，こちらがそのつもりで診断すれば積極的な治療法もある．

　問題はただ一つ，側頭骨から耳周骨が離れた鯨類では顔面神経管の狭い個所が他の動物のように保存されているか否かであった．少しの距離でも管腔状の構造をしていれば感染で麻痺を起こす可能性がある．このまま電車に乗って大学で解剖したいとはじめて思った．論文を調べてイルカでの感染例を確認し，黙々と仕事を行って大学へ行けたのは4日後であった．これまで大切にとってあったいくつかのイルカの耳周骨を壊

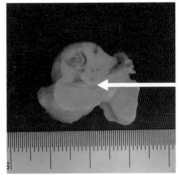

切断面
顔面神経（管）

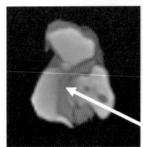
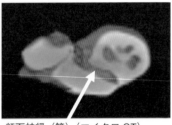

顔面神経（管）（マイクロCT）

図1.10　スナメリの顔面神経管

し，あるいはマイクロCTにかけて内部構造を確認したところ，ストランディングが報告されているすべての種で顔面神経管は保存されていた（図1.10）．後は胃内容が空で他に明らかな原因の見られないストランディング個体の顔面神経からウイルスDNAを検出できればよいが，ここでハタと困ってしまった．今までのように本業の片手間でできる研究ではなかったからだ．手元にあるイルカの標本はどれも状態が良くなく，全身の解剖記録が残っていないものもあった．ロジックとしては間違っていないと思ったのでまずは仮説として発表し，誰かに追試をしてもらうしかないと考えた．ある研究会で早速話したところ，状態が悪くても手元の標本だけなら学生の卒業研究としてやってみても良いといってくれたのは東海大学の北夕紀先生であった．先生はすぐにやって下さってバンドが検出されたと報告してくれた．喜んだものの，シークエンスの確認が終了していない．この研究は止まったままなので，新たな標本採取からやってくださる方がいればぜひ一緒にお願いしたい．

海獣診療支援へ

　鶴見大学では生涯学習セミナーという一般向けの市民講座があった（現在は閉講）．「何か講座をやっていただけませんか」と頼まれ，本業の医学・歯学ではなく，あろうことか「イルカ・クジラ学〜海へ戻った哺乳類〜」を開講することになった．鯨類の進化からはじめ，形態学や生態学を何回かのコースに分けて学び，様々な動物の頭蓋骨に触れてもらいながら比較解剖学的な視点から眺めることで，改めて「ヒトとは何か」を考えてみる．最後はフィールドワークとして，水族館バックヤード見学を盛り込んだ．思ったより好評で，数年後には海獣全般を対象に取り上げるようになった．受講者は一般の方がほとんどであったが，サンシャイン水族館獣医師の遠藤智子さんが参加されており，そこで高齢オタリアの副鼻腔炎と気管支炎の治療相談を受けた．飼育技術が進歩したおかげで動物が長生きし，野生ならそのまま命を落としてしまうような疾患も治療対象となるのである．加齢に伴う歯周病や白内障，あるいは悪性腫瘍や肺炎であったりする．高齢オタリアもそれらの例にもれず，従来治療ではなかなか改善しなかった．すでに遠藤さんによる適切な加療がなされていたが，薬剤選択にヒトの例を参考にメニューを組み直し，ネブライザーを併用したところ治癒にまで持っていけることができた．このオタリアは直腸が肛門から飛び出してしまう直腸脱にも罹患していた．これも加齢に伴う骨盤底筋群の緩みによるものである．呼吸器疾患のために全身麻酔下での手術には耐えられそうになかったので，姑息的手術としてヒトで採用されている局所麻酔下で直腸の外壁面を縫縮していく方法を提案した．世界でもこの手術をオタリアに行ったという報告のないはじめての試みであった．負担の少ないよう数回に分けて手術を実施した（図1.11）．鰭脚類の診療支援に携わったのはこれが最初の機会であった．

　やがて標本を受け取るために水族館へ出かける頻度が増えてくると，様々な海獣の病気の相談をされるようになっていた．こちらから首を突っ込みたいほどであったから，待っていましたといわんばかりに色々な話をさせていただいた．とはいえアドバイザーとしての関わりであって，主治獣医や担当トレーナーの意見を尊重して，一緒に考えて評価することを大切にしている．中でも沖縄美ら海水族館，新江ノ島水族館へは定

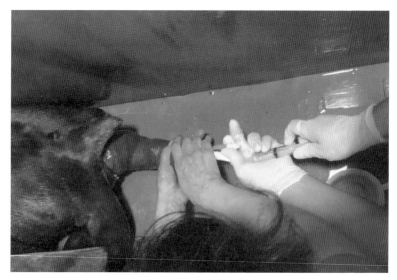

図1.11　オタリアの手術

期的に通っていた．どちらも日本を代表する老舗水族館であり研究のために標本を触らせてもらう一方で，海獣の診療支援にも参加していた．

　水族館にはそれぞれ獣医師の植田啓一さんと白形知佳さんがいた．お二人はプライベートを含めて本当によく声をかけて下さった．何か獣医学の分野で困りごとがあったときに，ヒトの医学・歯科学ではどうなっているのかと尋ねてくれたのである．私はヒトの耳鼻咽喉・頭頸部外科医／歯科口腔外科医でもあったが，獣医師は有りとあらゆる動物の頭から尾の先までを診るので，専門外などといっていられない．彼らと一緒に色々な動物を診るにつれ獣医師という仕事の守備範囲の広さと深さに心から恐れ入り，いつしかイルカや鰭脚類のほか海牛類やペンギンの疾患，エイの運搬技術にすら関わることもあった．すべてが新鮮で様々な事例にあたるたび，どれもが自らの医学・歯学への学び直しの機会となった．

世界初の手術は地味な作業の積み重ねの先に

　とある年の春，暖かい日が続くある日曜日に，沖縄美ら海水族館から獣医師の柳澤牧央さん（現大分マリーンパレス水族館「うみたまご」）

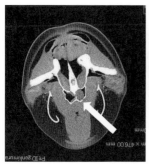

図1.12　ハンドウイルカの病変（矢印）を示す CT 画像と手術場面

が上京してきた．CT 写真をもって手術のコンサルトに来られたのであった．

　渡された私は開口一番「翼状洞ですね，深いなー」とフィルムを空に透かした．おそらく普通の医師と獣医師とでは何もわからない．イルカの翼状洞（図1.12）付近の解剖に関する知識がないからである．「深い」というのはこの部位へ何らかの外科的アプローチをすることを見据えた言葉であった．口からの距離が遠いのである．イルカを専門に診てきた獣医師と，イルカの解剖を専門にしてきた外科の医師の間であるから成り立つ言語であった．

　CT に写っているイルカについて詳しく病歴を聞いた．しばらく前から発熱と食欲不振が続くオキナワマリンリサーチセンター（OMRC）のハンドウイルカ．抗菌薬を投与すると改善するが，やめると再燃する．色々と検査をするもはっきりとした原因がわからない．そこで沖縄美ら海水族館へコンサルトになった．全身の CT 検査を行ったところ，先の翼状洞病変以外には特に何も見当たらなかったという．調子の悪いときにはこの場所が大きくなり，改善すると小さくなりながらも少しずつこの部分が大きくなってきたというのだ．何か病変があって，そこに細菌が二次感染していることは明らかだった．原因疾患をはっきりさせられないかとやってきたのであった．OMRC の獣医師山本桂子さん，美ら海の獣医師の植田さん，柳澤さんと私との様々な検討の結果，全身麻酔下に生検の手術をしようということになった．

　特定の場所へアプローチすることを想定した，いわゆる臨床解剖はしたことがなかった．安全に手術を行うためには，手術器具の選定と共に

第 1 章　最初にイルカを想像したのは病院だった　　43

どこから切開してどう進むか，そこにどんな危ないものがありどうすれば危険を回避できるか，手術のための視野が確保できるか，手が入る作業スペースがあるか，麻酔時間はどの程度確保できるか，水に戻した術後の創部の処置はどうするかなど課題が山積している．論文も症例報告もない，今回も世界初の手術になりそうだった．

手元にある標本だけでは不十分であったため新たにストランディング個体の頭部を美ら海水族館から私宛に送ってもらい，鶴見大学歯学部の解剖実習室で手術のときに行う全身麻酔のための気管挿管のシミュレーションをやってみた．挿管するチューブの太さを決め，どの場所に固定するかで作業スペースが変わる．手術をするイルカと同じ種類は手に入らなかったため，別の4個体をこのために解剖した．最初は創部を大きく開いて，切開できそうな位置からメスで開いて中を覗く．一般の手術で使用する無影灯だけでは光がまったく届かない．ヘッドライトを併用するが場所が狭く，助手は身体を捻りながらせいぜい筋鉤で創部を開く程度で，執刀医しか術野は見えない．翼状洞の外側の骨には外側翼突筋という筋肉がついているが，筋が厚いので誤って切り込むと出血のコントロールができない．骨の高まり（稜線）の内側なら入っていけそうだが，この場所は深すぎて実際の手術の時には直接眼で見ることができない．指の感覚を頼りに開きつつ，患部の直上では完全な盲目的操作になることがわかった．これで不測の事態に対応できるかを考えなければならない．そのためにはどの位置からの切開で入っていけるかを検討する必要がある．シミュレーションを何回か行った結果，やや手前に切開線を置いて，患部の直上までは軟組織の剥離を繰り返し，太い針で骨ごと患部を穿刺して中身を吸引するという方法をとることにした．イルカの上顎の粘膜は後方へ行くと厚みが増して，垂れ下がってくるのと同時に骨との間に距離が出てしまう．成功する条件は二つ，なるべく患部近くまで真っ直ぐ骨に沿って剥離をすることと，骨の高まりを触知できる構造がこのイルカにもあるか否かであった．CTで見る限りでは問題なさそうで，この方法が最善に思えた．OMRCでは海に設けた生け簀でイルカを飼育している．イルカ介在行動やイルカ介在療法をこれまで積極的に行っており，一般の方にも触れ合い活動やドルフィンスイムなどのセッションを行っていた．普段は各セッションの参加者に事前のレクチャーをしている大きな部屋を臨時の手術室として使用することにした．

イルカの全身麻酔による頭頚部外科手術

　秋の２連休を利用して仕事が終わった後，羽田空港傍のホテルで前泊し，翌日の始発便で沖縄へ飛んだ．OMRCでイルカに会わせてもらうと，思ったよりずっと小さかった．あらかじめ取り組んでおいてもらったハズバンダリートレーニングでイルカに大開口してもらい，拳を入れて術野のイメージを得る．これまで手術シミュレーションで解剖してきたいちばん小さいサイズと同じだった．

　夕方に全スタッフが集合して最終的な会議が行われた．宮崎大学農学部獣医学科の永延清和教授と教室スタッフ，柳澤さんが麻酔担当になり，主治獣医の山本さんを中心に植田さん，私の３名が手術の進行とサポートを請け負った．センター代表理事の富田秀司さんはヒトの外科医であったので手術チームに加わっていただいた．日本各地から何人もの水族館獣医師が集合しそれぞれ採血やモニター，点滴などを担当してくれた．イルカの移動などを担当するトレーナーを合わせると，総勢三十余名という大きなチームになった．

　はじめて行う手術では，頭の中で繰り返し手順をイメージトレーニングする．舌をだらんとだらしなく垂らした状態で，口を開けたまま寝かされているイルカ．そこには大きな管が入っている．まず，局所麻酔薬を表面の粘膜に何度かして，それからもう一度骨まで深く局所麻酔薬を注入する．局所麻酔薬には，麻酔薬と血管を縮めて麻酔薬を長くその場所に留まらせようとする作用のある薬が混ぜてある．そうすると切ったときに出血しにくくなる．メスで切開して，出血箇所をピンセットでつまんで，助手に電気メスで焼いてもらう．メスの出番はそこまでで，それからはハサミや鉗子を使って柔らかい組織を剥がしながら，途中に血管が出てくれば糸で縛ってから切断して，あるいはピンセットでつまんで電気メスでよく焼いて，これを注意深く繰り返しながらだんだんと奥に進んでいく．

　翌朝４時にOMRCの生け簀へ着くと，一回目の鎮静剤投与が終わったところであった．二回目の鎮静剤で動きがようやく鈍くなって，専用の担架に乗せてクレーンで持ち上げている．台車で運ばれたイルカは手術室のクレーンに乗せられ，テーブルに低反発マットレスを装着して転用した手術台へと移動した．

トレーナーにイルカを抑えてもらいながら，外回りの獣医師が背鰭と尾鰭の血管に点滴を繋ぎ麻酔の導入剤を点滴から入れていく．別の獣医師は心電図を装着し，酸素の濃度を測る器械を舌に装着した．ヒトや動物は薬が投与されると最初興奮して暴れることがよくある．暴れたイルカが手術台から転落しないよう，トレーナーがみんなで抑えにかかった．動きが落ち着いてきたところを見計らって柳澤さんはイルカの喉の奥に手を入れ，ちょっと変わった形をしたイルカの気管の入り口（喉頭）を指で引っかけて，少し緩めてから抜いて手前に倒して気管挿管をした．しっかり入ったところで，麻酔器についている酸素バックを手で押しながら酸素を送り，きちんと左右両方の肺が膨らんでいるか，別の獣医師が胸の左右を聴診しながら音を聞いて判断する．挿管したチューブが抜けないよう周りをテープで固定するが，後ろに待機していた手術チームが予定の場所に立って，最も手術がしやすい体位を取るように指示を出す．

　手術の制限時間が30分であると告げられた．全身麻酔の時間が長くなるとイルカに負担がかかる．世界でもイルカの全身麻酔の経験は少なく，どこまで麻酔時間を延長できるかは未知数である．最初の局所麻酔から傷を縫い終わるまでを制限時間内に終わらせなければならない．途中でやや太い血管を傷つけてしまい血を止めるのにやや難渋したが，手術は予定通りに進んでいった．解剖とCT画像を思い出しながら，傷口から差し込んだ指一本の感触で骨の高まりを確かめつつ進めていき，予定場所の直上に到達する．太い針を用いて，骨を突き抜けた感触を添えた指先で感じながら，骨の向こう側にあるはずの病変部の数か所から吸引して血液の混じったようなサンプルを回収し，無事に手術を完了することができた．

　今度はイルカを目覚めさせる番である．麻酔薬と拮抗する薬剤を新たに投与し，酸素を吸わせながら起こしてゆく．イルカは皮膚の下の脂肪組織が多く，吸入麻酔薬の多くは脂肪組織に吸収されることもあり，全身に分布した麻酔薬の回収に時間がかかる．イルカが自分で呼吸できて，なおかつ大暴れしないようなタイミングを噴気孔の開閉と呼吸のリズムとの一致具合いを見ながら判断する必要がある．やがてイルカが動き出し，十分に覚醒したのを見計らって慎重に管を抜いてベッドから落ちないようスタッフ総出で抑え込みながらクレーンでストレッチャーに移動

図1.13　手術プロジェクトメンバーと麻酔から覚めて泳ぎはじめたハンドウイルカ

させる．

　空はすっかり日が高くなっていた．浅く網を張って底上げをした生け簀に移動させて慎重にクレーンで降ろす．水中にダイバー数人が控え，呼吸孔を水面から出した状態でイルカの身体を支えながら手を放す．ゆっくりと泳ぎ出したが，すぐに沈んでしまって水中を泳いでなかなか上がってこない．やきもきしながら見守る．やがて一回目の呼吸をしてくれて，みんながほっと胸をなでおろす．この後，イルカはダイバーとトレーナーが交代で24時間の監視を続けることになる（図1.13）．

　日本でこれまで行われたイルカの全身麻酔はこれを含めてわずか7例しかない．手術の結果は寄生虫と細菌の二重感染であり，このアプローチ方法は世界ではじめての事例であったこともあり論文として発表した（Yamamoto *et al.*, 2022）．

海獣診療の過去・現在・未来

　これらのことを経験して一つはっきりとわかったことがあった．海獣診療で依頼がくるような事例はほとんど治療の前例がないか，あっても数例でこの分野が発展途上であることを示している．はじめてのことを成功させるのは確かに気分が良い．しかし，これで良いのか．沖縄美ら海水族館や新江ノ島水族館は最先端の診療技術と最新機器を揃えていて重症例にも対応可能であるが，一方で様々な事情により常勤獣医師のいない施設もあり，そこでは健康管理の基本となる採血も充分にできていないという．日本に限ったことではなく世界でも状況は同じで，一部の園館にいわゆる獣医療資源が偏っている．動物は様々な園館で飼育されており，受けることのできる検査や治療はこれらの獣医療資源によって

左右される．この凸凹した状況を改善し診療レベルの底上げができれば，どんな施設でも最適な検査や治療が受けられるようになり，飼育されている動物はもちろんのこと，蓄積されたノウハウをライブストランディング個体のレスキュー活動や，一時保護した個体にリハビリテーションを受けさせて海に戻す機会を与え，あるいはまた野生動物の保全などに役立てることもできる．

　私が目指したのは大好きな海獣を深く理解したいことと同時に，野生であればそのままいつまでも，また飼育される際はなるべく良い環境で動物たちに長生きしてもらうことであった．それには研究者が増えること，診療や飼育・保全に関わる人の数が増え，診療や飼育技術が発展して行くことが必要である．論文には環境に恵まれたごく限られた人しか辿り着けず，人々により広く理解してもらうためには，平易な日本語で書かれたプールサイドに持ち込める，取り回しのしやすいマニュアルを利用したハンズオンセミナーなどが定期的に実施されることが求められる．そして技術習得を目指した獣医師や動物看護師，トレーナーなどスタッフの園館横断的な研修などが制度として活発に行われるようになれば，こういった問題は徐々に改善して行くのではないのかと考えた．

　自分の能力をまったく顧みず「鯨類の骨学」を完成させたそのままの勢いで，植田さんや白形さんに声をかけ，沖縄美ら海水族館と新江ノ島水族館の全面的な協力のもと鯨類，鰭脚類，海牛類をはじめラッコやホッキョクグマ，カワウソ，ペンギンなどについて解剖から診療，飼育技術を網羅した『海獣診療マニュアル』（植草ほか，2022および2023．学窓社）を世に問うことにした．海外も含め類書が無く苦労したが，一般にも理解しやすい文章を心掛け，写真を充実させたほか百聞は一見に如かず，採血や基本的な処置，検査などはQRコードを付けて動画で見ることができるようにした．執筆にあたっては国内の多くの水族館獣医師やトレーナー，研究者らにご相談したが，どの方も快く様々な示唆や貴重な資料を下さって，これまでやってきて良かったと思えた日々であった．いくつかの学校では「海獣診療マニュアル」を使用した学生講義がはじまった．そして自らの足元から，沖縄美ら海水族館と新江ノ島水族館では獣医師やスタッフの交換研修事業がすでにはじまっている．

　さて，最後にもう少し先の未来を描いてみよう．千葉県や神奈川県などの小さな湾を区切り，または海岸にほど近いところに「ストランディ

ングセンター」あるいは「海獣診療・リハビリテーションセンター」（いずれも仮称）をつくってみたい．そこでは周辺に生息する野生個体を観察し，積極的な健康管理を行うことができる．野生で病気やケガをしたり，様々な場所でライブストランディングしたイルカやアシカ，アザラシを収容して治療を行い，リハビリを施して海に返すことができる．怪我や何らかの事情で海に返すことができない個体は，そこで終生飼育することができる．全国の施設で一定の役割を終えた個体を引き取って，サンクチュアリとしての場所を提供する．必要最低限のハズバンダリートレーニングを行うが，来訪者へ向けてのパフォーマンスは行わず，必要に応じて勉強会や解説などを行う．設立活動資金は賛同してくれた企業や個人の社会貢献事業（活動）として募り，関連グッズの売り上げ，来館者の寄付などで主に賄い，多くのボランティアスタッフが運営にあたる．そんな素敵な場所がそのうち本邦のどこかに見ることができないだろうか，という話を時々植田さんや白形さん，訪れた日本全国の施設スタッフに持ちかけては，みんなでああだこうだとたわいのない話をしているときが，最近はいちばん幸せであったりする．

　本書の他の著者とは異なり，私はヒトの医師・歯科医師で海獣学が専門の研究者とはいえない．それゆえこれまで「どのようにして海獣の研究や診療（支援）をするようになったのですか」と尋ねられる機会が本当にたくさんあった．本稿は自分史のような書き方で水族館での研究の楽しさを描くというテーマでいただいたので，おそらく先の質問に対する答えになっていると思う．私のような立場で関わる者は今後もそれほど多くはないかもしれないが，海獣に情熱を持って外の世界からやって来た門外漢の私を受け入れ，惜しみなくサポートしてくれる水族館や研究者がこの世界にはなんと多いことか．みな優しくて，何より海獣が大好きである．すべての方々に感謝しかない．

引用文献

Gao, P., Uekusa,Y., Nakajima, C., Iwasaki, M., Nakahira, M., Yang, YF., Ono, S., Tsujimura, T., Fujiwara, H., Hamaoka, T. (2000). Tumor vaccination that enhances antitumor T-cell responses does not inhibit the growth of established tumors even in combination with interleukin-12 treatment: The importance of inducing intratumoral T-cell migration. *Journal of Immunotherapy,* 23 (6), 643-653.

Iwasaki, M., Yu, WG., Uekusa, Y., Nakajima, C., Yang, YF., Gao, P., Wijesuriya, R.,

Fujiwara, H., & Hamaoka, T. (2000). Differential IL-12 responsiveness of T cells but not of NK cells from tumor-bearing mice in IL-12-responsive versus -unresponsive tumor models. *International Immunology,* 12 (5), 701-709.

村山司・森恭一・中原史生編著（2002）イルカ・クジラ学. 東海大学出版会. 神奈川.

Nakajima, C., Uekusa, Y., Iwasaki, M., Yamaguchi, N., Mukai, T., Gao, P., Tomura, M., Ono, S., Tsujimura, T., Fujiwara, H., & Hamaoka, T. (2001). A role of interferon-gamma (IFN-gamma) in tumor immunity: T cells with the capacity to reject tumor cells are generated but fail to migrate to tumor sites in IFN-gamma-deficient mice. *Cancer Research,* 61 (8), 3399-3405.

Ogawa, M., Umehara, F., Yu, WG., Uekusa, Y., Nakajima, C., Tsujimura, T. Kubo, T., Fujiwara, H., & Hamaoka, T. (1999). A critical role for a peritumoral stromal reaction in the induction of T-cell migration responsible for interleukin-12-induced tumor regression. *Cancer Research,* 59 (7), 1531-1538.

Uekusa, Y., Ogawa, M., Gao, P., Iwasaki, M., Ono, S., Tsujimura, T., Nakazawa, M., & Sakuda, M. (2000). The development of peritumoral stroma required for IL-12 induced tumor regression depends on the T cell/IFN-gamma-involving host-tumor interaction. *International Journal of Oncology,* 16 (4), 805-814.

Uekusa,Y., Yu,WG., Mukai,T., Gao,P., Yamaguchi,N.,Murai,M., Matsushima,K., Obika,S., Imanishi,T., Higashibata,Y., Nomura,S., Kitamura,Y., Fujiwara,H., & Hamaoka,T. (2002).A pivotal role for CC chemokine receptor 5 in T-cell migration to tumor sites induced by interleukin 12 treatment in tumor-hearing mice. *Cancer Research,* 62 (13), 3751-3758.

植草康浩 , 古屋充子，伊藤春香．（2008）スナメリにおける肺構造の組織学的検討：ヒト肺およびマウス肺との比較．月刊海洋，40 (10)：576-580.

植草康浩，小寺稜．（2017）イルカ発声メカニズムに関する解剖学的特徴．勇魚，66：5-13.

植草康浩，一島啓人，伊藤春香，植田啓一．（2019）鯨類の骨学 Osteology of Whales 緑書房．東京.

植草康浩，植田啓一，白形知佳．（2022）海獣診療マニュアル 上巻 鯨類の診療編 Manual of marine mammal medicine. 学窓社．東京.

植草康浩，植田啓一，白形知佳．（2023）海獣診療マニュアル 下巻 鰭脚類・海牛類の診療編 Manual of marine mammal medicine. 学窓社．東京.

Yamamoto, K., Yanagisawa,M., Ueda, K., Iwaki,T., Kodera,R., Naganobu, K., Okamoto, M., Tomita,S., Waki, T., Koie, K., & Uekusa, Y. (2022). A new needle biopsy approach for dolphins with lesions in the pterygoid sinus., 100006-100006. https://doi.org/10.1016/j.eas.2022.100006

第**2**章

イルカの驚くべき知性との出会い

海獣研究の素顔：水族館から海獣研究を考える

村山司

イルカとの出会い：『イルカの日』'Pha Love Pa'

　テレビをつけるとイルカがしゃべっていた．どこか南の海の小島で，一人の動物学者がイルカに言葉を教える研究をしている．そこで一頭のイルカが彼に向かってそう語りかけていた．これは『イルカの日』（1973年，アメリカ）という映画のワンシーン……．

　世の中にイルカという動物がいることは小さい頃から知っていたと思うし，テレビや雑誌で見たこともあったに違いない．私と同年代の人は『わんぱくフリッパー』（1966年，アメリカ）という番組でイルカを知った人が多いが，有名なドラマだったのできっと私も見ていたはずだが，その記憶がほとんどない．つまり，イルカという動物にはほとんど関心がなかった．だから，たまたまテレビで見たこの『イルカの日』という映画，これがイルカとの出会いとなった．

　言葉をしゃべるようになったイルカが大統領の暗殺に利用されるという映画のストーリーはともかく，ヒトとイルカが会話しているシーンに強烈な刺激を受け，「そうか，研究すればイルカと話ができるのか」そう思い，自分の将来の道はこれだと決めた．高校1年の頃のことである．安易な将来の決め方に見えるが，そんな人もきっといるはず．それにこの映画は今でも評判が高いので，高校生には十分刺激的だった．

　しかし，イルカを研究する道筋など誰も知らなかったので，そこで最初に考えたのは，おそらく多くの人が考えるのと同じように，水族館のトレーナーになること．海外の水族館を目指して外語系の大学を受験しようと思ったこともある．しかし，「イルカを知るなら，自分で研究したほうが早道」と思い立ち，「研究者」に方向転換した．

　大学ではそうした学科を選ぼうとしたが，イルカの行動やら認知やらを研究している研究室などどこにもない．一方，日本には古くから捕鯨の歴史があるので捕鯨に関連した研究は盛んで，食料産業の分野として重要な位置づけだった．これは今でも変わらない．したがって，当時は大学院でイルカを研究していた人の指導者はそうした分野の専門家だったので，研究テーマもそういった内容が多かった．

　そういう研究の仕方は漁船に乗って捕獲されたイルカを調べたり，市場に水揚げされたイルカを材料として解析を進めたりというものであった．しかし，それは私の目指すような研究とは違っていた．かといって，

それ以外の分野，特に私のやりたいと思ったイルカの知能や行動といった研究は日本ではまったく行われていない．あれこれ指導者を探し回ったものの見つからず，結局，独学で研究をはじめることにした．

実は，動物が苦手である．子どもの頃にイヌに噛まれ，それから動物が苦手になった．今でもほとんど触れない．しかし水の中のものは平気．そしてイルカは特別．口の中でもどこでも触れることができる．

それから乗り物も弱い．小さい頃からバスや車でよく酔っていた．中でも船酔いが特にひどい．陸の上では感じないのに，船ではちょっとした傾きすら感じ取ってしまう鋭敏な三半規管が災いしている．そればかりか，船の映像とか船室から見える美しい海の写真だとかを見ても気持ち悪くなる．乗ってもいないのに船酔いする．よく船酔いは精神的なものだといわれるが，昔，「飛鳥」という客船に講演のため乗ったとき，船室で寝ていて気持ちが悪くて目が覚めた．だから決して精神的なものではない．また，よく「慣れるよ」ともいわれるが，そんなことも絶対にない．

こんな私が海洋生物であるイルカの研究をしている．船は今でも苦手で，年齢を経てさらに弱くなった．だから船を使っての研究はできない．しかし，イルカとの会話とか知能の研究は船に乗ることはないので，これは大変都合が良いはずだ．

イルカ研究にたどり着くまで

高校でこの研究を目指したが，高校時代は文系のクラスにいたので，生物も何も勉強してこなかった．「イルカを研究する」など夢のまた夢物語で，そこで，たまたま本屋で見かけたイルカの本の奥付に書かれていた著者の住所を頼って相談してみた．当時はイルカの本などほとんど見かけなかったが，数少ない本を書くくらいだからきっとイルカに詳しいのだろうくらいの気持ちだった．その著者は西脇昌治先生．日本に「バンドウイルカ」という名前を広めた鯨類研究界の重鎮である．もちろん，一介の高校生がそんなことを知るはずもなく，会いにまで行って相談をした．すると，大学はどこでも良いからまずは生物を勉強したほうが良いとアドバイスをくれた．そこで，大学は東北大学を選んだ．そこで生物についてあれこれ学んだ．

4年生になって卒論をやる段になると，案の定，イルカの研究なんて

誰も指導者がいなかった．結局，卒論のテーマはグッピーの兄妹交配という遺伝に関した内容．今はミトコンドリア DNA とか，分子生物レベルで遺伝現象を追跡するが，当時はアイソザイムとよばれる酵素による遺伝子の追跡というものであった．

　しかし，ここではイルカができない．そこで，かつてイルカをテーマに研究した先輩がいたと聞いた東京大学の水産第 4 講座（魚類生理学研究室）に修士課程で入った．しかし，入ったもののこの研究室でもイルカはできず，ハゼの生殖生理が修論のテーマとなった．

　ただ，生理学というのは生物の重要な機能を知る分野の一つである．動物が行動を起こすには必ず生理的な仕組みがあるので，生理的なことを知ることができたことは，その後の動物行動を理解するうえで非常に良い経験と勉強になった．また，研究室自体のレベルも高かったので，先輩たちは皆「先生・師匠」だった．ちなみに，修士の研究はちゃんと学会誌に論文として出し（村山ら，1992），ここで培った経験と知識で，その後，博士課程で本来のテーマ（後述）をやる傍ら，サバ（村山ら，1995）やマイワシも論文にした（村山ら，1990）．マイワシのホルモン変動は国際誌にも掲載された（Murayama *et al.,* 1994）．

　しかし，このままではイルカにたどり着かないことには変わらない．そこで意を決して，博士課程では研究室を変えることにした．当時，東京大学には海洋研究所（現，大気海洋研究所）という研究所があり，海洋物理や海洋化学などの分野から生物・水産分野に至るまで，様々な海の研究をしていた．そこで片っ端からそこの生物系の先生を訪ねて相談してみた．もちろん，誰も首を縦に振らない．予想通りとはいえ，どうにもならない．

　「わかりました，誰も教えてくれないなら，私，自分でやりますから」

　口からそう出た．これまでの経験で研究のイロハくらいはなんとなく心得ていたので，独学を覚悟してそう宣言した．そして，「漁業測定部門」（当時）という研究室でイルカの研究をはじめることにした．場所は新宿に程近いところ，まだ都庁が建設中だった頃である．

　ようやく「イルカ」にたどり着いた．

何を研究するか：視覚と認知の世界へ

　さて，イルカと話したいなら，イルカの言葉をヒトが理解したらいい

のにと思うが,実はそれはもうさんざんやられつくされていて,結局,「よくわからない」という結論になっている. だから, 私はその逆に, イルカにヒトの言葉を教えて, その言葉で「会話」しようと思った.

でも, イルカにヒトの言葉を教えるには, 教え方が通じるかを検証しないといけない. ヒトと同じようにものが見え, 見えたものが同じように解釈できれば, ヒトのやり方で言葉を教えることができるはず. そこで, 一定の範囲でそうしたことを確かめることにした.

こうして私が挑んだのは視覚と認知の世界.

彼らにはこの世界がどう見え, どう考えているのだろう. 陸とは大きく違う環境に暮らすイルカってどのくらい眼が見え, どのように見えているのか, そして, 見えたものをどう解釈しているのか, まずはそうしたことを知りたいと思った.

こうしたことは誰もが思いつきそうなテーマと思っていたが, 日本ではまだ誰も研究したことがないとわかったのは研究をはじめてから. これは大変なことで, 元々指導者がいないことは前述の通りだが, 同じ分野の研究仲間もいないわけで, 一人でやっていくしかなかった.

指導教官が鯨類研究者だと学生は先生の名前を出すだけで, 「ああ, あの先生ね」と, 半分信頼が得られたようなものである. しかし, 私の場合は指導教官がまったく分野の違うコンピューターの先生だったので名前を出しても誰もわからず, 水族館の信頼は自分で作っていくしかなかった.

さて, 「見えたものをどう解釈しているか」というのは, いわゆる認知科学的なテーマである. 認知科学とは心理学, 情報処理, 神経科学から哲学まで, 結構範囲が広い. まとめていえば, 外界の事柄をどのように感覚し, どのように認識するかといったことで, コミュニケーションなども含まれる. 霊長類や鳥類など, 他の動物ではよく研究されている. 「賢い」というのがイルカの代名詞と思っていたので, イルカの認知については日本でももう色々研究されているのかと思ったら, 誰もやっていない. どうやらもう誰も「イルカは賢い」などとは思っていないらしい.

そんな認知も感覚も実験的に解析しなければわからないことばかり. 色々と条件を統制しながら実験を行い, 様々なことを明らかにしていかなければならない.

一口に「視覚」と「認知」といっても, その範囲は膨大に広い.

同じ感覚でも，聴覚はかつて世界的に競って研究が行われていた時代があり，莫大な研究成果があった．イルカの聴覚は非常に優れており，ヒトをはるかにしのぐイルカの聴覚能力の魅力はつきることがなく，研究が盛んだった．現在でもその勢いは衰えていない．

　それに比べて視覚はそこまで研究が進んではいなかったのが幸いし，研究する内容には恵まれていた．要するにやられていないことばかりだった．ただ，私はゴールとしているテーマが決まっているので，そこに向かううえで必要なことがわかれば良かったので，イルカがどんなものの見え方をしていることがわかったら，そこでどんな認識が行われているのか，ヒトと認識の仕方が共通しているかというテーマにシフトしていけばいいと思った．そうした視覚認知は，ヒトとイルカのコミュニケーション，イルカとの対話というテーマに一歩近づくことになる．そうしたことを考えて研究テーマや実験の内容を模索していった．

　ただ，世界に目を向けて見ると，当時はイルカの認知に関するテーマは極めて限られたもので，研究者も一握りであった．そう，本当は地味な分野なのである．かつては一世を風靡した「イルカは賢い」という評価も今は昔，どうやら日本も世界もイルカの認知研究はやること満載で，なかなかやりがいがありそうだ．

これまでの研究の歴史

　ところで，世界では過去にイルカの知性を研究した人が三人いる．

　一人目はアリストテレス．ご存知，紀元前の時代にいた哲学者．

　彼はその科学的な眼で様々な動物を観察しては正確な記録を残している．そこにはイルカの記述もあり，イルカの示す知的な行動を描写している．しかし，そんな遠い昔の評価が現在まで続いているわけではない．

　次にイルカの知的さに気付いたのはアメリカの大脳生理学者のJ. C. リリー．彼はヒトの脳を神経生理学的に研究するうちに，イルカの脳の巨大さに遭遇する．そしてヒトよりイルカの脳のほうが進化していると考え，そこに知性の可能性を感じ，様々実験を行った．ヒトの声を模倣させたり，イルカが発している鳴音を解析してその内容を把握したりして，イルカが「話している」言語を解明しようとした．また，イルカにヒトの言葉を覚えさせようとした．コンピューターもほとんどない1950～60年代のことである．「イルカは賢い」と最初に言ったのは，こ

のリリーである．リリーは精力的に研究を進めていた．実は，彼こそが映画『イルカの日』のモデルである．リリーとは1993年に来日したときはじめて対面した．彼はまだまだ夢を持ち続けていたが，残念ながら2001年に他界している．

イルカの知的特性を研究した三人目はハワイ大学の L. M. ハーマン．

ハワイのオアフ島にあるハワイ大学にはイルカ専用プールがあった．ハーマンはそこで，飼育されているイルカを使って様々な実験を行った．視覚と聴覚の交差理解，記憶の構造，無の概念，映像の認識，共同注視，自己認知，模倣……おそらくイルカの認知について最も研究したのがハーマンだと思う．

ハーマンの有名な研究はハンドサインを用いた言語研究．手話のようにハンドサインを組み合わせて文を作ってイルカに理解させようとした．その結果，イルカはヒトの言語の文法を理解し，2000もの文を正確に理解できた．

ハーマンとはハワイの学会で会ったことがあるが，私の発表した研究（「心的回転」というもの）が彼の行った研究と似ていたので，目に留まったらしい．そんなハーマンも2016年にこの世を去った．

ハーマンの言語研究はイルカにヒトの言葉を教える意味では画期的だったし，それなりに世間には受け入れられた研究だと思う．だから，私も色々参考にしている．ただ，唯一成し遂げられていないことは，イルカのほうから文を作ったということがなかったこと．イルカには手はないのでハンドサインができない．であれば，その代わりになるものを教え込めばいい．

私の研究はそこから発想している．

どうやって研究するか

はじめて何かをするとき，もちろん自分で一から考えてやれたらそれに越したことはない．しかし，おそらく試行錯誤や遠回りの繰り返しで，膨大な手間と時間がかかる．だから，たいていは見本，お手本，前例といったものを頼りにする．受験勉強で志望校の過去問が重要なのと同じである．

さて，大学院の博士課程で「イルカの研究」まではたどりついたが，では，日本では誰もやっていないイルカの知能や認知の研究はどうやってやれ

ば良いのか．全然わからない．見本も前例もない．頼りになるものが何もない．前述したハワイ大学のハーマンの研究は，研究の方針とかテーマとかを考えるなら参考になるが，そもそも学生だった私の周りにはハーマンの研究所のようなイルカ研究専用プールなんてないし，一緒にやる研究チームもない．だから同じようにやりたくてもできない．

それに何より，そもそも肝心なイルカがいない．イルカって，どこにいるんだろう．自分で飼うにも，どこかに売っているものではないし，そもそも飼う場所もない．イルカにたどりつくのは簡単ではない．

とはいうものの，とにかくイルカがいなければ研究にならないわけで，これは飼っているところにお願いするしかない．水族館である．しかし，水族館でイルカの研究をするにはどうしたら良いのだろう．

アプローチの仕方は色々あるはず．しかし，研究施設ではないところに研究の相談をし，「実験」「研究」が仕事ではない人たちに実験のお願いをする……普通に考えれば歓迎されるはずがない．ましてや「行動実験」ともなればなおさらである．実験をしても水族館の人たちの給料が上がるわけでもないし，明日からお客さんが増えるわけでもない．要するに，彼らの仕事を増やす以外の何物でもない．また，実験で動物に何かあったら，怒られるのは依頼者の私ではなく，彼らトレーナーの方たちなのである．

だから，お願いすれば実験ができるというものではない．自分の研究に対する意欲を熱弁しても，あるいは世界的に価値のある研究と連呼しても，本来，水族館にはあまり関係がない．

しかし，水族館にとっては研究も重要な使命の一つであり，水族館もその意義は十分理解しているので，積極的に協力をしてくれる．手間も時間もかけて行う研究であるから，良い成果を挙げたいという想いは共通している．

ただし，そこには水族館との信頼関係の構築が最も大切であることを忘れてはいけない．

水族館へ

さて，研究をやるにあたって，思い切って水族館に相談してみることにした．でも，どこにお願いしたら良いのか．

私の指導教官はコンピューターが専門の人で，およそイルカには興味

がない人だったうえ,「自分でやります」と宣言したからにはあてにもできない. だから, 水族館には自分でお願いをしに行くしかない. でも, イルカの行動実験なんて水族館だって経験はないだろうから, 前途は多難そうだなあ.

相談したのは鴨川シーワールド(千葉県鴨川市). 中学の頃遠足に行ったところで, なじみがあった.

「イルカの脳波を測りたいんです」.

相談したのは鳥羽山照夫館長(当時). なぜ脳波かというと, まずは脳の機能を確認したかったから. もちろん, 誰もイルカの脳波など測ったことがない. だから, まずは動物の安全を考えたうえで, 色々なもの参考にして測定方法を考えて……と, きっとあれこれと説明したに違いないが, 緊張のあまり記憶が飛んでいて, 何を言ったか覚えていない.

さて, そんな私の相談に対して鳥羽山館長から出たのは,

「村山君, それ, おもしろいね」

忘れられない言葉である.

こうしてバンドウイルカを対象とした脳波の測定, それが私の水族館のイルカを対象とする最初の研究となった.

こうして私の長い実験履歴がスタートした.

研究の進め方

哺乳類なのに海で暮らすイルカたちは, 群れを作り複雑な社会行動を示す. 仲間と共同して狩りもすれば, 囮や同盟といった行動も見せてくれる. 音でお互いにコミュニケーションしているといわれているが, 確かにそれを示す状況的な証拠もある. 進化の過程がまったく異なるのに, そこにはヒトさながらの知的な行動がある.

イルカって本当はどのくらい賢いのだろう. そして, それを使ってヒトとコミュニケーションはできないだろうか. 「イルカの知能」……そこに大きなロマンがある.

前述したように, 水族館で研究するのは, 外から見ていたのではわからないイルカの機能や特性などを知るためである. 認知もその一つ. イルカの認知についてはハーマンがかなり研究を進めていたことはすでに紹介した通りだが, まだまだやることはたくさんあった. しかし, やみくもにやれば良いというものではなく, 異種間のコミュニケーションと

第2章 イルカの驚くべき知性との出会い　59

してヒトとイルカの会話をするには方針や筋道を立て，系統的に研究を進めていかなければならない．

ただ，一口に認知の研究といっても面倒なことが多い．

私たちが学校で勉強したことを覚えるには何度も復習する．それと同じで，イルカに何か学習させようとすれば何度も繰り返してやらなければならない．また，やっと覚えた（学習した）と思っても，翌日には忘れていることもある．それから正解率とか成功率を求めるために，同じような試行を10回，20回……とやらなければならない．だから，すごく時間がかかる．さらに，同じことを繰り返していると，動物のほうが飽きてしまい，集中力がなくなる．機嫌を取りながらになるし，大変である．何もかもヒトとよく似ている．

また，二者択一のような実験では，イルカが一方の選択肢に固執してしまうこともよくある．位置偏好といい，とにかく右といったら徹底して右しか選ばない．餌でも釣れない．試行の意味がわかっていない場合によく起こる現象だが，これを脱却するのに一苦労する．

結果に一喜一憂するのも認知実験の特徴．訓練（条件づけ）したことをもとにテスト実験をするが，成功すれば万々歳，失敗したら何も結果が残らない．これはやらなかったこと，何もしていないことと結果的に同じ．だから，一つひとつの結果に胃の痛い思いをする．

認知に関した実験とはこうしたことの繰り返しである．しかしそれは逆に，それだけ動物に接している時間が長いということで，色々なことを知る機会になる．動物を間近で見ることで，モノの本に書かれているようなことを実感することもあるし，はじめて知ることも多い．個体によって特徴も違うので，長く付き合っていくうちに，その個体の「専門家」になる．

こうしたことも動物を理解する重要な側面である．

水族館の実験

私の研究は，イルカの言語理解に繋がる認知的な実験と環境エンリッチメントに関する実験に大別される．

前者は条件づけの訓練をし，選択させるという実験的な手続きによる．何かを選択させるような場合，実験者が無意識に正解の図形に目線を向けたり，正解のターゲットを前に出したりしてしまう可能性がある．そ

こで実験時はサングラスをかけたり，呈示装置を用いたりする．呈示装置は実験場所，実験方法によって様々だが，そもそも売っているものではないから，もちろんお手製である．また，動物にヒントを与えることにならなければいいのだから，必ずしも「装置」でなくても，たとえばガラス面に貼り付けたりすることもある（図2.1）．

一方，環境エンリッチメントに関するものは，何か環境に実験的な所作を施し，それに対するイルカの反応を観察するというものである．こちらは設置されたものへの行動を見ていれば良い．これについては別の章で紹介する．

「イルカと会話」したいのだから，もちろん対象はイルカである．しかし，やがて鰭脚類，海牛類，ラッコ，ホッキョクグマと，次第に対象が広がっていった．これらは広い意味の「海獣類」とよばれる動物たちだが，そうした動物に研究を広げたのは，イルカでそうなら他の海獣類

図2.1　ガラス面での呈示と選択

第2章　イルカの驚くべき知性との出会い　　61

ではどうなんだろうという疑問から……。

しかし，イルカですら認知研究は遅れているので，それ以外の動物となるとさらに知見が少ない．そうした動物たちの知的な能力はどうなっているのだろう．実験をしてみると，実は，次々と彼らの賢さを示す成果が得られてきた．どうやら賢いのはイルカだけではないらしい．

こうした研究のために，たくさんの水族館・動物園，そしてその職員の方々にお世話になった．学生を派遣して実験しているものも含めると，実験をした水族館，動物園は以下の通りである．

マリンピア松島水族館（宮城県），鴨川シーワールド（千葉県），しながわ水族館（東京都），横浜・八景島シーパラダイス（神奈川県），江の島水族館・新江ノ島水族館（神奈川県），伊豆・三津シーパラダイス（静岡県），静岡市立日本平動物園（静岡県），南知多ビーチランド（愛知県），鳥羽水族館（三重県），しまね海洋館アクアス（島根県）というラインナップである．さらに現在，市立しものせき水族館海響館（山口県）とも共同研究をしている．

テーマに応じて実験する内容が決まれば，次は水族館に出向いて研究の目的や実験の方法などを説明する．こちらは実験をお願いする立場なので，最大限，水族館の状況を優先する．それで実験に影響が出ることになっても，それを見越して研究計画も柔軟なものを考えておけば良い．

こうして色々な場所で，色々な実験をし，様々な成果を得てきた．では，そうした研究の成果の一部を紹介してみよう．

海獣類の研究

鰭脚類

海獣類の認知研究のトップバッターは鰭脚類から……．

鰭脚類とは，アシカ類，アザラシ類，セイウチといった動物のことである．水族館だけでなく，動物園でも飼育されており，おなじみの動物たちである．

鰭脚類は水中でも陸上でも生活しており，水陸両生的な生態を持っている．群れを作り，複雑な社会性を見せる．かつてアメリカのR. A. シュスタマンはカリフォルニアアシカを対象として言語の研究をしており，アシカが優れた言語理解能力を有していることを明らかにしている．アシカの知的さを示す一面だが，では，その他の鰭脚類はどうだろう．

私が対象としたのはキタオットセイ，ゴマフアザラシ，セイウチで，江の島水族館（「の」はひらがな．現在の新江ノ島水族館の前身），マリンピア松島水族館，鳥羽水族館，静岡市立日本平動物園で実験を行った．

　まず，江の島水族館で行ったのはキタオットセイを用いた音源定位実験．1993年のことである．キタオットセイの飼育には水産庁の許可が必要であるが，江の島水族館はその一つだった．

　実験はスピーカーを二つ用意し，一方から音を出し，音が聞こえたほうのスピーカーの近くにあるバーにタッチするというもの．これは訓練が大変で，音が鳴ったスピーカーにタッチならまだやりやすいが，そうではなく，その近くにあるバーにタッチとなると難易度がぐんと増す．トレーナーの方々との試行錯誤だったが，やがてちゃんとタッチするようになり，苦労した分，楽しかった．

　ちなみにキタオットセイの眼は角膜の形が変わっている．これを教えてくれたのは，当時一緒に音源定位の実験をしてくれていた江の島水族館のトレーナーの方．現場では皆んなが知っていることでも，研究者は知らないことも多い．こんなふうに，水族館の現場の人たちから学ぶことはたくさんあるのだ．なお，キタオットセイでは野生の個体の眼を解剖して視力を求めたこともある．

　マリンピア松島水族館ではゴマフアザラシの鏡像認知を行った．ちなみにマリンピア松島水族館は，学生時代，はじめて飼育実習を行った場所である（当時は「松島水族館」という名称）．今でこそ水族館で飼育実習をする学生は多いが，当時は学生が水族館で実習するなどということはどこにもなかったので，きっと水族館も戸惑ったに違いない．

　さて，そこでの実験はそれから遥に時間を経た後のこと．それは指導している学生の卒業論文の一環として行ったもので，鏡に向かってどんな反応をするかを調べ，音も録った．この実験はただ鏡を呈示しておけば良く，動物への特別な訓練は必要ないので，水族館にかける負担は少ない．なので，本来はもっと継続したかったのだが，残念ながらマリンピア松島水族館は2015年に閉館してしまい，それもかなわなくなった．

　鳥羽水族館では，水族館からの依頼により，セイウチに対する言語研究の補助を行った．鳥羽水族館ではセイウチがヒトの言葉を理解して様々な行動をするショーを公開しているが，それを科学的に証明したいという要請があり，実験が行われた．

具体的には，本当にヒトの言葉を理解して行動しているか，段階を追って検証した．実際に実験をしたのは鳥羽水族館のトレーナーである．

　被験体はオスのセイウチのポウ．まず，ヒトが動物の横に立ち，声を掛ける．するとセイウチはその通りに反応する．しかし，それでは声だけに反応したのではなく，何かヒントになるものがあったのではないかという疑問をぬぐえない．そこで，次はヒトの体の動きが見えないようガウンを着て声を掛けた．これもみな成功．しかし，まだ手掛かり刺激の疑問は残る．そこで次は物陰に隠れ，ヒトの姿は見えないようにして声だけで合図．そして最後は，ヒトは姿を隠したまま，マイクとスピーカーから声を掛けてみた．全部で15種類の言葉をかけたが，いずれもセイウチは見事に掛けた言葉通りの反応をした．

　野生でも飼育下でも鰭脚類はよく鳴いており，繁殖期になると特異的な鳴音を発することもある．音でコミュニケーションしている可能性がある．そうであればヒトの声だって識別できるはず．現場ではセイウチがヒトの言葉を聞き分けていることを知っていても，それをきちんとした手順で検証しなければ科学にならない．誰が見ても確かなことでも，石橋をたたいて渡った成果が信頼できる．この研究ではセイウチがヒトの言葉を聞き分けているだけでなく，その言葉の意味も理解していることを証明できた．なお，この成果は論文としても公表されている（Endo *et al.*, 2020）．

　鰭脚類の研究の三つ目の場所は静岡市立日本平動物園，対象はゴマフアザラシである．ソラとソウヤというのが実験に参加した個体だが，まずはそれらの個体識別から．はじめは同じに見える動物も，次第に違いが見えてくる．そして確実に識別ができたら，実験がはじまる．

　ここでは，飼育スタッフではなく，自分たちで動物を動かし，条件づけやテストを行っている．大事な動物を使わせてもらうので，事前に動物園とは良く打ち合わせをし，園のスタッフとしての規則や秩序を乱さないよう注意を払いながら実験をしている．もちろんそれはどこの園館でも同じである．

　実験では，あらかじめ作成してきた種々の図形や物などを呈示し，被験体に選択させる．そこで正解の選択肢を選んだときには，クリッカーを鳴らして所定の位置で餌を与えて強化する．

　動物もはじめは何をすればいいのかわからない様子で混乱しているが，

徐々に実験の意味を理解するにつれて行動が安定してくる．いったん学習してしまうと，次からは自分から呈示場所で図形が呈示されるのを待つようになる．アザラシは眼が丸く大きいので，じっとこちらを見つめる顔は大変かわいい（図2.2）．

日本平動物園ではゴマフアザラシが「順序」を理解できることや「大きさ」の概念を持っていることなどが明らかになった．そう，アザラシだって賢いのだ．目下，論文の準備を進めており，公表され次第，結果を披露できればと思っている．

現在，これらの他に鴨川シーワールドでもセイウチで実験をはじめた．これも実験途上で，まだまだ未知の能力があるはずである．

海牛類

「海牛」と書いて「カイギュウ」と読む．「ウミウシ」は別の動物なので，ややこしい．

海獣なのは「カイギュウ」のほうである．これにはジュゴンとマナティー類がいる．いずれも暖かい海に暮らす哺乳類だが，ジュゴンは沖縄近海にも生息しているとされるが，数が少なすぎてほとんどお目にかか

図2.2　実験を待つアザラシ

第2章　イルカの驚くべき知性との出会い

れない．マナティーは日本の近海にはおらず，野生の個体を見るなら国外に出かけていくしかない．

　さて，実験はマナティーとジュゴンで行ってきたが，最近はジュゴンを中心としている．実験場所は鳥羽水族館，被験体はセレナというメスの個体．この個体は小さい頃からヒトの手で育てられてきたので，非常に人懐こく，プールサイドに近づくとすぐに寄ってくる．

　ここでの実験は水族館の飼育員ではなく，私たちが自分たちで行っている．

　水槽内を，円を描くようなコースでゆっくり泳いでくるところに呈示装置に入れた図形を呈示し，選択させる．ちなみに使用した呈示装置には名前がついている．「キャサリン」．命名者は学生だが，その由来は知らない．

　実験では，こちらの目の動きや何か行動が手掛かりになってはいけないので，セレナに背を向けた姿で待機する．そして，もし正解のほうを選択したらアマモを吻のちょっと先に入れてやり，なるべく泳ぐ動きを止めないようにする．なお，海牛類は草食性なので，餌もアマモなどの海草類である．

　セレナの気分に合わせて実験するので，1セッション60分間にできる試行の数はまちまち．20試行くらいできることもあれば，ずっと水底でじっとしたままで1試行もできないこともあるが，別に気にしない．また，あまり単調な試行を繰り返すと飽きてしまって集中力が落ちるので，時々背中を手でなでたりして遊んでやりながら実験を続ける．一つの実験期間は原則として1か月で，ほぼ毎日実験がある．

　動物を間近に見ながら実験していると，その動き方，呼吸の仕方など，様々なことを知ることができる．ちなみに，ジュゴンの体には全身に細くて透明に近いような毛が生えている．これはあまり紹介されることがないが，これも飼育下の実験だから発見できることである．

　鳥羽水族館とは2005年以来のお付き合いであるが，このセレナは，これまで大きさの概念や数の概念に関した高度な課題のほか，最近は推移的推論といった複雑な思考を要する課題に成功している．ヒトでも舌を巻くような識別能力がある．こうした成果は，現在，公表準備中である．

　セレナとは長い付き合いである．選択用のターゲットを挿入しただけで，「選ぶんでしょ？」とばかりにタッチしてくる．もうすっかり実験

の要領をわかっている，優秀なジュゴンである．

ホッキョクグマ

　ホッキョクグマも研究対象だが，猛獣なので近づいた実験はできない．そこで，エンリッチメントを兼ねて光と鏡の呈示を行った．

　ホッキョクグマは水族館だけでなく，動物園でも飼育されている．私たちの実験場所は静岡市立日本平動物園（静岡市）．被験体はオスのロッシーとメスのバニアの2個体である．

　まず，光の呈示はちょうどクリスマスも近かった時期だったので，市販のイルミネーション用の電飾を購入し，飼育場が見えるガラス面に設置した．最近のイルミネーションは LED なので熱もないし，様々なパターンで点滅させることができるので，不規則に点滅する光に何かしらの興味をもてばと思った．しかし，はじめは関心を持って寄ってもきたが，やがてまったく来なくなった．ただ光っているだけではつまらないのだろう．

　次は鏡．ガラス面に呈示すると雌雄で違った行動が見られた．メスのバニアのほうは鏡に近づく時間も長く，鏡像をなめたりこすったりと，頻繁に親和的な仕草を見せるが，オスのロッシーはその逆で，そもそも鏡を敬遠しほとんど近づかないし，近づいても攻撃的な行動が多かった．鏡像を，バニアは自分自身か親しい相手と思ったのかもしれず，ロッシーは"ライバル"と考えたのかもしれない．雌雄差なのか個体差なのかわからないが，とにかく違いがあっておもしろい（南條ら，2022）．

イルカが知りたい

イルカの研究

　さていよいよイルカを対象とした実験編である．

　イルカとの対話という夢物語にはじまった研究だが，イルカに言葉を教えるのに，ヒトが言葉を覚えるのと同じやり方が使えるとは限らない．だからそれをまず検証するため，様々な基礎的な検証からはじめた．

　しかし，前述のように日本では誰もしていない研究で，海外でも一握りの研究者だけがやっているだけなので，他の動物の色々な専門家に相談しながらの独学・独力である．

　実験は同じイルカ（個体）でずっとやれれば理想的だが，それでは時

第2章　イルカの驚くべき知性との出会い　**67**

間がかかりすぎてしまうし，何より同じ個体であれもこれも実験することは不可能である．そこで複数の種で，色々な場所で，色々な個体で同時並行的に実験を進めてきた．もちろん私一人で研究できるはずはないので，指導した多くの卒論生の成果も取り交ぜて紹介したい．

　対象としたのはバンドウイルカ，カマイルカ，イロワケイルカ，スナメリ，コビレゴンドウ，シャチそしてシロイルカである．研究したテーマは優に100を超える．

研究事始め

　イルカ研究は眼の調査からはじめた．まずはどのくらい見えているか知りたかったからだが，実はイルカの視力をちゃんと調べた研究は過去にシャチとカマイルカ，バンドウイルカの例だけ．私が実験した当時も世界では私とロシアの女性研究者くらいだった．

　三陸（大槌町）や北海道（網走市）までイルカの眼を取りに行き，それを持ち帰って網膜中の細胞から視力求めた．北海道では，眼を取るのに協力してくれるはずだった捕鯨業者にドタキャンされ（環境保護団体と怪しまれた）協力してもらえず，そこで，何度もサンプリングに出かけていた大槌町の漁協に助けてもらい，たまたま北海道まで漁に来ていたイルカ漁の船に眼を取ってもらったこともある．

　また，南極海の捕獲調査で採取されたミンククジラや水族館で死亡したイルカの眼をもらい受けたこともある．こうして，結局，イシイルカ，オキゴンドウ，シロイルカ，カマイルカ，ミンククジラなどの視力を調べた（Murayama *et al.*, 1992; 1995; 1998）．しかしこれらは解剖学的なやり方である．

　これらの成果の一部はモスクワで開かれた国際シンポジウムで発表した．まだ，ソ連だった時代だが，軒並み各国から著名な研究者が集まった．シンポジウムの後はレニングラード（現．サンクトペテルブルグ）やフィンランド湾まで足を延ばした．あっという間の17日間だった．

　水族館での行動実験をしたのはその後．前述したように，鴨川シーワールドの脳波測定実験が最初である．思い返すと，この実験は今ではとてもできないようなことなので，一生忘れられない研究である．

　イルカの脳波の測定など誰もやり方を知らないし，海外の文献（ソ連）ではイルカに解剖学的処理をして脳波を測定しているが，もちろんそん

なことはできない．結局，ヒトのやり方をまねて，イルカの頭皮に電極を貼りつけて測定した．

　対象はバンドウイルカ．イルカを水から上げ，空気中に何時間も置いて測定するという非常に危険な実験．水族館にとっては，突然やってきた学生がいきなり一歩間違えばイルカが死んでしまうような実験をやらせてくれといってきたのだから，さぞや驚いたはずである．手間もヒマもかかるし，なにより万一のことがあれば責任をとらなければならないのは自分たちであることをよくわかっているからである．

　それに対して，私は何が返せるだろうか．考えた末に，

　「体で返すしかない」

　そう決め，実習生として約3か月の間，毎日，餌の準備，ショーの準備，掃除，バケツ洗い，ごみ捨てから土木作業まで，とにかく働いた．営業の部署からは中途入社の社員と間違われた．

　脳波の測定はその実習した期間の最後の3日間に行った．また，翌年も同じように測定した．1年目はホーク，2年目はカイという個体だった．

　測定には多くの人手がかかったが，イルカを数時間も空気中にさらしておき何が起きるかわからない状況で，誰も口を聞かない．静かに脳波計の音だけが響いてくる，猛烈に張り詰めた時間であった．こうして水族館の多大な協力のおかげでイルカの光に対する脳の反応を知ることができた（Murayama *et al.*, 1993）．

バンドウイルカ

　大学院時代に行った，視力の調査，脳波測定に次ぐ三つ目の研究は南知多ビーチランドで行ったコントラストの弁別実験である．

　そもそも博士課程に進学したとき，水産庁が進めていた「イルカ類の流し網への混獲回避」という研究に協力することで予算を受けたので，それに関連し，さらにイルカの視覚能力を探るという一石二鳥のテーマであった．なぜ海で網に絡まるのか……その仕組みを探るため，モノが見えるための要素の一つであるコントラストに着目した．

　ちなみに，私の実験ではよく呈示装置が登場するが，はじめて呈示装置を用いたのがこの南知多ビーチランドの実験のときである．当時の副所長が色々頭をひねってくれて作ってくれたもので，かなりがっちりしたタイプの優れものだった（図2.3）．

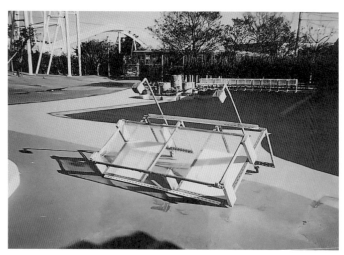

図2.3 呈示装置第1号

さて，この実験では飛び込みでビーチランドに赴き，実験のお願いをした．あれこれと実験の目的や方法を説明したところ，
「うちで実験してもらっていいよ．ところで村山さん，この期間，泊るところあるの？　良かったらうちに居候したら？」
と言ってくれたのが当時の岡本一志所長．どこの馬の骨かわからない学生が突然実験させてくれとやってきたのに，それを受けてくれたばかりか，その場で1か月も自宅に居候させてくれることになり，そのことは今も感謝している．確かクリスマスも近い冬の頃だったな．

先の鳥羽山館長も，この岡本所長も，あるいは眼球のサンプリングで助けてくれた大槌の漁協も，指導教官のいなかった私はこうした人たちに支えてもらっていたことを改めて実感している．

さて肝心のコントラスト実験であるが，個体は「ローラ」といった．結果は，いくら明るくてもコントラストが低ければ図形は見えない，逆に，暗くてもある程度のコントラストがあれば視認できるというものであった（村山ら，1998）．

バンドウイルカは飼育しやすい種なので水族館で飼育されている最も多いイルカである．そのため，他の水族館でも色々実験をさせてもらった．

しながわ水族館では視覚に関する研究を行った．

まず「無彩色の見え方」では，様々な灰色を呈示して，白と黒のどちらに見えるかをテストした．すると，ヒトと同じように白っぽい灰色から黒っぽい灰色に変わっていくにつれ，イルカも白から黒へと判断が変わっていった（金野ら，2005）．

　一方，有彩色の認識はどうだろう．いわゆる色覚について，「青」がわかるかを調べるため，まず，「青」を学習させた．しかし，学習させたつもりの青と同じ明度の灰色との区別がつかなかった．どうやら色ではなく明暗で認識していたらしい．「青がわかる大発見！」と思ったが，違った．

　水中から見た空気中の視認を知るため，水中から空気中のボールが見えるかを調べた．

　ヒトは水中からでは空気中のものはなんとなく見えるが，水面が揺らいでしまって正確な位置も形もわからない．しかし，イルカはそうではなく，水中にいるイルカに対して空気中に呈示しボールにタッチさせると，ボールをどこに呈示しても見事に水中からジャンプしてタッチする．どうやら水の中から正確に空気中が見えるらしい．これはヒトと大きく違う点である

　しながわ水族館では他に「透明視」「補間」といったテーマの他，「カニッツアの三角形」（錯視図形の一つ．周辺に配置された図形によって存在しない白い三角形が知覚されるというもの）の検証も行った．現在，「錯視」にも挑戦しているが，非常に明確に錯覚を起こしている結果となったので，公表の準備をしている．

　錯視については，伊豆・三津シーパラダイスで「エビングハウス錯視」の検証をした．エビングハウス錯視とは同じ大きさの円でも周囲を大きな円が囲む場合と小さな円が囲む場合とでは中央の円の大きさが違って見えるという錯覚のことである（図2.4）．

　呈示装置は「スリットスリット」．命名者は学生である．表面の板をスライドさせて上に持ち上げると呈示図形が見えるというもの．それを用いて，二者択一させる（図2.5）．イルカに図2.4を呈示し，大きく見えるほうを選ばせると，図2.4-a が大きく見えることがわかった．イルカもヒトと同じように錯覚を起こすようだ（Murayama *et al.*, 2012-b）．

　バンドウイルカでは他にも種々に実験をしたが，どうやら物の見え方はヒトと共通しているところが多いらしい．

第2章　イルカの驚くべき知性との出会い　　71

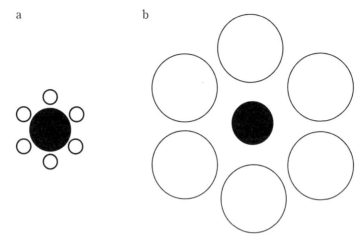

図2.4 エビングハウス錯視の図. 中央の黒円は同じ大きさ

図2.5 「スリットスリット」による呈示

ところで，イルカはヒトの顔を覚えるものだろうか．これは水族館で実験しているとよく聞かれるし，きっと水族館のトレーナーも同じような質問をされているに違いない．そこで鴨川シーワールドのバンドウイルカで調べてみた．普段お世話になっているトレーナーとはじめて見る人（私の研究室の学生）とを区別させてみたが，少なくともヒトを顔で区別しているとは限らないようだ．まずは見分けやすいところで識別し，そしてそれから歩き方，足音，仕草といった細かいことで認識しているらしいことがわかった（村山，2012）．普段からお世話になっているトレーナーがわかるのはこういうことからだろう．

イロワケイルカ

イロワケイルカの最初の研究は鴨川シーワールドで行った．

イロワケイルカは，体は小さいのに，大変気が強い．自分より何倍も大きいシロイルカに立ち向かっていく光景を何度も見た．ビービーとよく鳴くし，ちょっと落ち着きがない．

さて，鴨川シーワールドの水深3.5m のプールで飼育されていたイロワケイルカはほとんどの時間を逆さになって泳いでいた．こうした行動は野生でも見られるらしく，図鑑などにも記載されている．そこで，どんな状況でそういう姿勢になるのか知るため，逆さになっているイロワケイルカに上から餌を投げてもらった．すると一瞬，普通の姿勢になるが，餌を口に含むと，すぐまた逆さになる．餌が上から来るとわかっても逆さになるので，どうやら餌の探査ではないらしい．どうもよくわからない．

そこで次に水槽の水を50cm ずつ落としてもらい，水深による行動の違いを調べた．3.5m の深さの水槽で50cm ずつ水を落としては止めて，行動を観察した．すると，水深が浅くなってもなかなか普通の姿勢にならない．そして背鰭が底につくほど浅くなって（水深50cm ほど），ようやく背鰭を上にする普通の姿勢になった．何か水深との関連があるのかもしれないと，今度は注水をしてもらったが，水に泡が出てしまってよく見えず，その実験は遂行できなかった．

次のイロワケイルカの実験はマリンピア松島水族館で行った．鏡を見せて反応を調べる鏡像認知である．イロワケイルカの水槽に鏡を置いていると，非常に興味を持つ個体が現れた．鏡の前を通り過ぎては戻り，

また行き過ぎては返ってくるの，繰り返し．そして鏡の前に居座ることもしばしば．明らかに鏡に映った像を気にしている．そこで鏡の前の滞在時間を調べたところ，対照実験の板よりも有意に長く鏡の前に滞在していた（Murayama, 2011; 2013）．

鏡像認知を調べる常套手段は「マークテスト」である．動物の顔にマークを付け，鏡を見ながら鏡に映った自分の顔のマークが気になる仕草をすれば，そこに映っているのが自分だという証拠になるというテストである．

鏡によく反応したイロワケイルカでも試してみようと思ったが，もともと顔が黒いイルカなので，いくら白クリームでマークをつけてもぼんやりとしか見えない．結局，うまくいかなかった．

なお，鳥羽水族館でも同様な実験を行ったが，鏡への反応は良好．ただ，個体差はある．

スナメリ

スナメリの群れは比較的小規模なので，社会性はどうなのだろう．そのヒントを知りたくて鏡像認知実験をした．

場所は鳥羽水族館．スナメリに鏡を見せると一定時間，その前に留まっている．中には通り過ぎては戻って二度見してみたり，鏡の前でクルクルと回ってみたりと，鏡像へ関心があるらしい．

スナメリでは，行動実験のほかに野生の動態の調査をしたことがある．ただ，船に乗って調べたのではなく，陸地からの観察である．だから，私にもできた．

房総半島東岸にはスナメリが定常的に生息していたので，学生らとその付近の陸地から観察をした．また，鴨川シーワールドの裏手に広がる鴨川湾には定期的にスナメリがやってくる．そこでその動態を調べてみた．鴨川シーワールドのスタンドをお借りしてそこで学生が交代で目視観察．すると朝の早い時間にやって来て，そこで一定時間湾内で過ごした後，午前の遅い時間にまた東へ去っていくことがわかった（村山，2014）．

カマイルカ

カマイルカは背鰭が草を刈るカマのような模様になっていることが名

前の由来である．動きが機敏で，ショーにもよく登場する．

カマイルカの最初の実験は江の島水族館で，基本的な図形の識別や「図と地の弁別」などを行った．

おもしろかったのは「補間」の検証．1本線と2本線で，1本線を選ぶように訓練した．そして，図2.6のような図形を呈示し，どちらを選ぶか調べた．すると2本線でも一方の途中が切れている図形では2本線のほうを選び，2本とも切れてはじめて1本線のほうを選んだ（村山，2003）．途中が切れていても，そこを補間して条件づけされている2本を選択するだろうと思ったのだが，大間違いだった．なぜ途中が切れているとそういう選び方をするのか，不思議である．

新江ノ島水族館になってからもカマイルカの実験は続けている．その一つが「心的回転」．「V」という文字が傾いても「V」とわかるのか，そういう実験である．呈示装置で呈示された傾いた「V」と似た図形とを呈示し，正しいと思うほうのターゲットをタッチする．そうして選択率を求めていく．

用いた呈示装置は「カマウチ」（図2.7）．これも学生が名づけである．前面にネットがついていて，そこにターゲットをひっかけて呈示する．手持ちより，ヒントを与えにくい．

この実験でわかったことは，回転する角度が大きくなるにつれて「V」

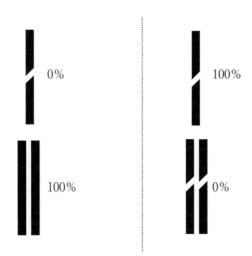

図2.6　それぞれの組み合わせのときの選択率

図2.7　カマウチ

の字を間違いやすくなるということと，イルカは文字全体ではなく，文字のどこか一部を手掛かりとして判断していたといこと．

　カマイルカでは現在も新たなテーマで実験を行っている．個体は「セブン」．ずっと同じ個体で実験しているが，新しいことを教えても学習するまでの時間はだんだん短くなっている．きっと，もう「どちらかを選ぶ」という要領を覚えているのだろう．

シャチ

　海棲哺乳類の中でシャチは大変人気がある．しかし，体が大きいので飼育も容易ではなく，そのため飼育されている園館も限られている．
　シャチを対象とした実験の実施場所はすべて鴨川シーワールドである．
　シャチの研究の最初はバウト行動の観察．バウト行動とは中断されない一連の行動（一塊の行動）のことで，たとえば，授乳や潜水などが繰り返し行われるとき，それが休止したり次の行動がはじまったりするまでの行動を指す．
　飼育下とはいえ，多彩な行動を見せるシャチたち．そうした様々な行

動について行動パターンや他の行動との繋がり，行動頻度や割合などを詳細に調べた．4個体いたので，行動や個体同士の絡み合いも複雑で，解析した学生は相当苦労したはずである．

　野生のシャチが群れで複雑な社会行動をしたり，共同で狩りをしたりする光景は映像でも紹介されることがあるが，そこには彼らの知的さが垣間見える．そこで，その一端を実験的に検証することにした．

　シャチで行った認知研究のはじめは鏡像認知である．鏡を見せて，そこに写っているのが自分とわかるかという実験である．

　シャチに鏡を見せるとおもしろい．1時間の観察時間中，ずっと鏡の前に張りついている個体がいる（図2.8）．ひっくり返ったり，舌を出したり，鏡に水をかけたり……様々な行動をしている．しかも明らかに自分に対してと思われる行動（自己指向性反応とよばれる）が頻発していた．

　鏡像認知の定番はマークテスト．顔などにマークを付け，鏡を見ながらそれを気にする行動が見られればそこに写っているのが自分だと理解しているというもの．実際，シャチの顔の白い部分にマークを付けてみると（図2.9），明らかにそれを気にする行動がみられる．どうやらそこに写っているのが自分だとわかるらしい．こうした一連の鏡像認知の実

図2.8　鏡の前のシャチ

第2章　イルカの驚くべき知性との出会い

図2.9　マークを付けたシャチ

図2.10　シャチの選択実験

図2.11-a　眼をはかる

図2.11-b　眼をはかる

験の成果も公表準備中である.

　また，シャチでは様々な識別実験も行った．2枚のターゲットを呈示し，そのうちの一方を選択させる二者択一の実験である（図2.10）．こういう実験では呈示する刺激（図形とか記号とか）の特性を変えること

で，種々の認知能力を探ることができる．

シャチの識別実験はこれまで数の認識実験を行っており，これは今も継続している．

また，イルカの眼を調べる一環として，企業と共同でシャチの眼球の光覚特性を調べている．そもそもはじめたのが二十数年前だが（図2.11-a），今もそれは続いている（図2.11-b）．

シロイルカ

シロイルカでの最初の実験は，水産庁の委託研究で1991年に鴨川シーワールドで行った流し網の認知実験である．ただし，記録には被験体名はなく「体長292cm，体重370kg」としかない．被験体が特定されていたのではなく，「室内実験できるイルカ」ということで，たまたまマリンシアターにいるシロイルカで実験したのかもしれない．

鴨川シーワールドでは「ナック」という個体でずっと実験を行ってきた．この個体は，現在，日本で唯一のカナダ産の個体で，1988年に日本にやって来た．

このナックを被験体として行った研究は1993年1月（正確には1993年1月17日開始）が最初である．テーマは心的回転．回転した図形をどのように認識するかというものであるが，水中を縦横無地に，上になったり下になったりして泳ぐイルカだから，回転図形の認識など，さぞやお得意なのかと思いきや，そうではなかった．ヒトと同じように回転角度が大きくなると間違いやすいという結果だった（村山・鳥羽山，1995）．

ナックの本質的な研究は人工言語を用いた言語理解である（Murayama *et al.*, 2012-a; 2017）．その本格的な開始は1996年．ナックに物と対応した記号を選ばせる実験からスタートした．対象とした物はフィン，マスク．数年後に長グツとバケツを加えて，それぞれ「⊥」「R」「O」「＞」という記号が対応することを覚えた．これはちょうどヒトがリンゴを見て「apple」というスペルを覚えるのと同じである．次に教えたのは，物のよび名．これはリンゴを見て「apple」という発音を覚えるのと同じ．ナックが普段から見慣れているフィン，マスク，長グツ，バケツの四つの物について，その呼び方を教えた．ただし，「人間語」の発音は難しいので，それぞれの物についてナックの呼び方でよばせるようにした．

さて，最後は記号を見てその記号が示す物の名前をよべるかというも

の．これはたとえば地図記号の「卍」を見て「神社」とよぶようなもの．記号だけ見てもまったく物との対応がないので，その対応関係を理解しなければならず，かなり難易度が高い．ナックにはそれぞれの物が表す記号（⊥，R，＞，O）を見せて，それぞれの記号が意味する物の呼び方を答えさせたが，ナックはこれも理解できた．

この最後の課題ですごいのは，記号と呼び方の関係は一度も訓練したことがないのにできたことである．つまり他の関係を理解するうちに，この訓練していない関係（記号⇔呼び方）を自発的に理解したことになる．これはヒトが言葉を覚えるときと同じである．

名詞を覚えたナックは，現在，動詞に挑戦している．

また，ナックは模倣も得意である．シロイルカは「海のカナリア」といわれるように様々な鳴音を発することが知られているが，そうした鳴音を用いて，ナックはヒトの言葉を模倣できる（Murayama *et al.,* 2014）．また，ヒトの声だけでなく，様々な音をまねすることができる．そこでその意味を教えて，ヒトの言葉でモノの名前を命名できないか検証中である．

ほかにシロイルカを対象とした実験は横浜・八景島シーパラダイスでも行っている．数的概念に関する研究であるが，特に「順序」に着目して検証した．これも数年におよぶ実験だが，成果は順調で，現在，それを整理中である．

海獣類の知性

海に暮らす哺乳類たち．一頭単独で，あるいは大きな群れを作りながら大海原を，あるときは軽快に，またあるときは豪快に泳ぎ行く光景は何とも魅力的な印象を与えてきた．しかし，かつてはそんな彼らの「知性」などには誰も関心がなかった．だが，色々な場所でそうした動物たちと触れ合ううちに，そしてその暮らしぶりを様々な方法で知ることができるようになると，どうやら彼らの生態の中に「知性」といえるものがあるらしいことに私たちは少しずつ気付きはじめてきた．

そうした彼らの知性に触れるため研究してきたことの一端を紹介してきたが，まだまだ紹介しきれないものや公表準備中の成果も多い．

こうして30年以上，海獣たちと向き合って研究してきて得たこと，それは彼らには随分「ヒトみたいな」認識の仕方や解釈の仕方があるらし

いことである．そして，調べれば調べるほど，彼らの知性はもっと深いような気がしてくる．ヒトとは大きく生態が異なる海獣たち．それなのにヒトと似た知的特性があるのはなぜだろう．もちろん，ヒトとはまったく違う知的な仕組みだってあるはずである．

　だから，時間のある限り，もっともっと調べてみたい．

　こうした研究で成果を得ることができたのは，いうまでもなく水族館や動物園の多大な協力のおかげである．特に認知の研究は時間がかかる．その間，ずっとお付き合いいただいたことになる．サンプルの採取や生理的な測定とはまた違った時間のかかり方をするので，その間の水族館のスタッフへの負担も大きい．こうした実験を真夏の繁忙期にお願いしたこともあれば，一歩間違えば動物を危険な目に遭わせるようなことにも協力していただいたこともある．いくら感謝をしてもしきれない．

　また，卒論のテーマとはいえ，多くの学生たちが協力くれた．こうした協力に応えるためにも，その成果はどんどん紹介していくことが必要である．

　でも何より感謝しなければならないのは，そうした研究の「被験体」

図2.12　怒ったナック

となってくれた動物たちである．口が聞けたらきっと文句の一つも言いたかっただろうに，いつも黙って実験に付き合ってくれた．でも，そうした付き合いを通して，少しだけ彼らと信頼関係が築けたような気がする．

人工言語の研究でずっと付き合ってくれたナック．もう30年もの付き合いになるが，実はあまり好かれてはいない．呼んでもまず来ないし，カメラを向けただけで威嚇されたこともある（図2.12）．手を差し伸べると威嚇したり，噛んできそうになったりする．それでもなお手を広げていると，口いっぱいに水を含みそれを噴き出してかけてくる．

「ナックが陸上の人に向かって威嚇するのは村山さんにだけですよ」とは，トレーナーの方の話．どうやら本当に嫌われているらしい．しかし，私のことは理解してくれているらしい．だから，全然平気．これも心の通じ方の一つかもしれない．

研究しててよかったなあ……．

引用文献

Endo,S., Kawaguchi, N., Shimizu,Y., Imagawa, A., Suzuki,T., Wakai, Y. & Murayama,T. (2020). Preliminary study of discrimination of human vocal commands in walrus *(Odobenus rosmarus divergens)*. *International Journal of Comparative Psychology,* 33.

金野篤子，弓岡千尋，小林裕，荒幡経夫，朝比奈潔，村山司．(2005)．バンドウイルカ（*Tursiops truncatus*）における無彩色の弁別に関する基礎的研究．動物心理学会誌「動物心理学研究」，55, 59-64.

村山司，青木一郎，石井丈夫．(1990)．土佐湾における産卵期のマイワシ親魚の成熟状態と分布について．水産海洋学会誌「水産海洋研究」，54, 357-363.

村山司，会田勝美，羽生功．(1992)．チチブの産卵期における卵巣機能の低下．日本水産学会誌，58,1079－1082.https://doi.org/10.2331/suisan.58.1079

Murayama,T., Somiya,H., Aoki,I. & Ishii,T. (1992). The Distribution of Ganglion Cells in the Retina and Visual Acuity of Minke Whale *Nippon Suisan Gakkaishi,* 58, 1057-1061.

Murayama,T., Aoki,I. & Ishii,T. (1993). Measurement of the Electro- encephalogram of the Bottlenose Dolphin under Different Light Conditions. *Aquatic Mammals,* 19, 171-182.

Murayama,T Shiraishi,M. & Aoki,I. (1994). Changes in Ovarian Development and Plasma Levels of Sex Steroid Hormones in the Wild Female Japanese Sardine *(Sardinops melanostictus)* during Spawning Period. *Journal of Fish Biology,* 45, 235-245.

村山司，三谷勇，青木一郎．（1995）．卵巣成熟度及び卵巣組織像に基づくマサバ太平洋系群の産卵期の推定．水産海洋学会誌「水産海洋研究」，59, 11-17.

村山司，鳥羽山照夫．（1995）．シロイルカの心的回転．水産工学研究所技報，6, 9-12.

Murayama,T Somiya,H., Aoki,I. & Ishii,T. (1995). Retinal Ganglion Cell Size and Distribution Predict Visual Capabilities of Dall's Porpoise. *Marine Mammal Science,* 11, 136-149.

村山司．（1998）．バンドウイルカにおけるコントラストの識別能力．日本哺乳類学会誌「哺乳類科学」，38, 39-44.

Murayama,T & Somiya,H. (1998). Distribution of Ganglion Cells and Object Localizing Ability in the Retina of Three Cetaceans. *Fisheries Science,* 64, 27-30.

村山司．（2003）．イルカが知りたい．講談社，東京．

村山司．（2006）．飼育下のイルカ類における環境エンリッチメントに向けた試み．海洋と生物，28, 391-397．生物研究社，東京．

Murayama,T. (2011). Preliminary study of mirror self-recognition in Commerson's dolphin. Saito Ho-on Kai Museum of Natural History, Research Bulletin, 75, 1-6.

Murayama,T., Fujii,Y., Hashimoto,T., Shimoda,A., Iijima,S., Hayasaka,K., Shiroma,N., Katsumata,H., Soichi,M. & Arai,K. (2012-a). Preliminary study of object labeling using sound production in a beluga. *International Journal of Comparative Psychology,* 25, 195-207.

Murayama,T., Usui,A., Takeda,e., Kato,K. & Maejima,K. (2012-b) Relative Size Discrimination and Perception of the Ebbinghaus Illusion in a Bottlenose Dolphin *(Tursiops truncatus). Aquatic Mammals.* 38, 333-342.

村山司．（2012）．イルカの認知科学．東京大学出版会，東京．

Murayama,T. (2013). The responses to live self-images on monitor in Commerson's dolphin. *Saito Ho-on Kai Museum of Natural History, Research Bulletin,* 77, 41-46.

Murayama,T., Iijima,S., Katsumata,H. & Arai, K. (2014). Vocal imitation of human speech, synthetic sounds and beluga sounds, by a beluga *(Delphinapterus leucas). International Journal of Comparative Psychology.* 27, 369-384.

村山司・井上聰・勝俣浩・荒井一利．（2014）．鴨川湾におけるスナメリの移動．海洋と生物，210, 22-28．生物研究社，東京．

Murayama,T., Suzuki,R., Kondo,Y., Koshikawa,M., Katsumata,H., & Arai,K. (2017). Spontaneous establishing of cross-modal stimulus equivalence in a beluga whale. *Scientific Reports* 7, Article number: 9914.
https://www.nature.com/articles/s41598-017-09925-4

南條由香里・田地川恭仁・河村茂保・柿島安博・村山司．（2022）．ホッキョクグマにおける鏡像認識に関する予備的研究，東海大学紀要・海洋学部，20, 12-18.

第 **3** 章

フィールドと水族館を繋ぐイルカの行動研究

中原史生

イルカとの出会い

　イルカは不思議な動物だと思う．水族館で見るイルカは確かに人懐っこくはあるが，多くの来館者が声をあげるように「かわいい」と思ったことは，私はほとんどない．例外的に赤ちゃんならばかわいいと思うが，それは哺乳類ならどんな動物の赤ちゃんもおそらくかわいいと感じる．親しくなった(実験に協力してくれた)イルカはかわいいと感じるが，「うちのイヌはかわいい」と思うのと一緒で，一種の親バカみたいなものだと思う．「かしこそう」についても，確かにいろんな遊びをじっくり見ているとかしこそうに見えるが，ショーができるからかしこいと思うのであれば，アシカやアザラシと変わらないはず．イルカはなぜか特別視される動物である．

　私が最初に実物のイルカを見たのは，実家（茨城県水戸市）から車で30分程度のところにあった海のこどもの国大洗水族館（現在のアクアワールド茨城県大洗水族館の前身）で飼育されていたハンドウイルカ（バンドウイルカ）だった（と思う）．幼稚園生だったのか，小学校低学年だったのかも定かではなく，親に連れて行ってもらったのが先か，学校の遠足などで行ったのが先かも覚えていないが，ショープールでジャンプするイルカが鮮明に記憶に残っている．

　イルカそのものに興味を持つ切っ掛けとなったのは，小学校低学年の頃に見たテレビアニメ『海のトリトン』の再放送だった．手塚治虫氏原作の『海のトリトン』は海棲人類トリトン族の生き残りトリトンを主人公とした冒険活劇で，トリトンを助けるイルカたち（ルカー，イル，カル，フィン）が登場し，トリトンはイルカと話ができる設定になっていた．ちなみに，後に原作を読んだのだが，アニメとはストーリーが結構異なっていて衝撃を受けた記憶がある．

　その後，小学4年生から5年生にかけて，父親の仕事の関係で，1年ほどアメリカ合衆国で暮らすことになった．そのとき遊びに行ったシーワールド・サンディエゴで見たシャムー（シャチ）ショーが強烈に印象に残っている．目の前でジャンプをする白黒の巨体に圧倒された(図3.1)．当時，日本でもすでに鴨川シーワールド（千葉県鴨川市）でシャチが飼育されていたが，直接目にする機会はなく，このサンディエゴでの出会いがシャチをはじめて意識した瞬間だった．親から借りたカメラのシャ

図3.1 シーワールド・サンディエゴのシャムーショー

ッターを夢中で押したが，しばらくたってフィルムが入っていなかったことが発覚して（昔のカメラはそういうことが），駄々をこねて撮り直しに戻ったことを覚えている（確認しなかった自分が悪いのだが）．

その当時（1980年前後），シャチに対する世間一般の印象は「頭が良くて恐ろしい」というものだったと思う．後に中学生の頃テレビで見た映画『オルカ』（マイケル・アンダーソン監督）も，タイトルにひかれて購読した小説『ベートーベンよ，たからかに鯱を呼べ』（斎藤栄著，集英社）も，映画『ジョーズ』（スティーヴン・スピルバーグ監督）の影響が色濃く，シャチは獰猛で人を襲う動物として描かれていた．

イルカ・クジラ（鯨類）に興味はあったものの，この頃はまだ研究したいとまでは考えていなかった．小学校の卒業文集に将来の夢は「動物学者」と書くくらい動物が好きで，早くから将来は動物について学びたいと思っていたのだが，陸上の動物に比べて鯨類はどこか遠い存在で，自分が関わりを持てるようになるとは思っていなかったのである．この頃，関心があったのは主にオオカミやピューマなど食肉目の動物たちだった．

第3章　フィールドと水族館を繋ぐイルカの行動研究　　87

高校2年生のとき，たまたま書店で手にした『ソロモンの指環―動物行動学入門』（コンラート・ローレンツ著，日高敏隆訳，早川書房）という本を読んで，動物の行動について研究する動物行動学という学問に興味を持った．この本のタイトルは，旧約聖書に登場する魔法の指環の助けを借りてありとあらゆる動物と話をすることができたソロモン王にちなんでいる．動物行動学者であるローレンツ博士は，自分のよく知っている動物となら魔法の指環などなくても話ができるという．博士は辛抱強く観察をすることで，動物の音声の意味を理解しようとしたのである．大学受験について考えていた時期で，動物行動学を学べる大学を探し，『ソロモンの指環』の訳者である日高敏隆先生（故人）が在籍していらした京都大学理学部を受験することにした．高校3年のときの担任には私の成績では京都大学に入るには3年はかかるといわれたのを覚えている．

研究対象として鯨類を選んだ理由は結構単純なものだった．いろんな動物を自分で飼育してみて動物の社会行動に関心があったので，漠然とオオカミかサルかイルカなどの社会性のある動物の研究がしたいと思っていた．オオカミは日本に生息していないので無理だろうと考え，まず選択肢から消えた．サルについては京都大学で研究が活発に行われていることがわかったが，元来，天邪鬼な性格なので，他人がやっていることはあまりやりたくないと，これも選択肢から消えた．ということで，消去法で残ったのがイルカだったのである．

イルカ研究との出会い

1年浪人して京都大学に合格することができた．ただし，入った先は理学部ではなく，農学部水産学科（卒業後二度大きな改組があって，現在は資源生物科学科のもとに海洋生物科学コースがある）であった．志望先変更の理由は学問的なものではなく，単に入試の難易度の問題であった．同じ大学，しかも水産学科ということで，学科で海の生物について学んで，理学部の授業も受けに行けば，万全なくらいに勝手に考えていた．しかしながら，当時，京都大学にはイルカを専門に研究していた先生がいたわけではなく，どうやったらイルカの研究にたどりつくのか，皆目見当がつかなかった．

まずはイルカについて学ぼうと思い，和書（翻訳書含む），洋書にか

図3.2 太地町立くじらの博物館のシャチ

かわらず鯨類に関する本を探しては購入して自習をした．当時は今のようにインターネットで検索すれば世界中の情報が簡単に手に入る時代ではなく，一般教養の生物学実験でお世話になった加藤真先生（現・名誉教授）の研究室を訪れては洋書の情報を教えていただいた．他学部や他学科の授業も履修登録できる制度があったことから，理学部の日高敏隆先生の「動物行動学」や農学部農林生物学科（現・資源生物科学科生物先端科学コース）の井上民二先生（故人）の「行動生態学」の授業も受講することができ，動物の行動への関心がますます高まった．

この頃はまた，夏休みや春休みなどの大学生が暇（時間に余裕があるともいう）な時期を利用して，各地の水族館や博物館を見て回っていた．いちばん通ったのは和歌山県にあるアドベンチャーワールド（白浜町）と太地町立くじらの博物館であった．京都から地理的に比較的近いということもあったが，当時，これらの施設ではシャチが飼育されており（図3.2），シャチ見たさに（と温泉好きもあって）幾度となく訪れた．大学2回生のときに水口博也さんの『オルカ―海の王シャチと風の物語』（早川書房）が出版されたこともあって，私の中で再びシャチ熱が高まって

いた．同じ年，親戚が勤めていた国立科学博物館に海棲哺乳類の研究者，宮崎信之博士（現・東京大学名誉教授）を訪ねる機会を得た．このときの宮崎博士との出会いも後に私をイルカ研究の道へ導くこととなった．

水族館でのイルカ研究を意識するようになったのは，大学3回生のときに入会した勇魚会（鯨類連絡会，現・海棲哺乳類の会）において出会った方々の影響が大きい．ちなみに勇魚（いさな）とはクジラの古い呼び方である．当時，わが国における鯨類の研究というと捕鯨との関わりが強い印象があり，水族館で研究されている方々がいること自体，この会に入るまで知らなかった．この年，たまたま学科の掲示板で見つけて参加したシンポジウムの題名も「鯨類の資源研究と管理」（1989年11月東京大学海洋研究所にて開催）であった．しかしながら，このシンポジウムに参加したことがきっかけとなって勇魚会に入会したのだから，物事はどう繋がっていくのか予測できない．ここで出会った勇魚会の中心的存在で東京大学大学院の博士課程に在籍されていた吉岡基さん（現・三重大学教授）と村山司さん（現・東海大学教授）が，水族館のイルカを対象に繁殖生理や視覚と認知に関する研究をされていたのである．また，この会を通して同世代の水族館の飼育スタッフの方々と知り合うことができ，スタッフだからこそ知っている興味深い話を色々と聞くにつれ，水族館で飼育されているイルカへの関心が高まった．

4回生で研究室配属になったものの，卒業研究で鯨類を対象とした研究を行うことはできなかった．研究室名は「水産生物学研究室」（水産生物学講座とか水産生物学教室ともよばれていた）．魚類の分類や仔稚魚の生活史の研究が主なテーマとなっていた．そんな中，イルカの研究をやりたいなどと勝手なことをいう学生を，マグロやカジキの研究をされていた京都大学舞鶴水産実験所の中村泉先生（故人）が拾ってくださった．3回生のときに受講した先生担当の「魚類学」の授業で錦市場の魚屋を見学に行った帰り，喫茶店でコーヒーをごちそうになりながら色々と話をさせていただいたことが思い出される．大きさも似ているし，マグロやカジキもおもしろいぞ，と誘ってくださった．

マグロやカジキについて勉強するかたわら，データ収集に行った先々で水族館をめぐってはイルカの観察をするようになった．中村先生が和歌山県那智勝浦町のビルフィッシュトーナメント（カジキ釣りの大会）に招待された際に同行し，トーナメントで釣り上げられたカジキや漁港

に水揚げされたマグロを計測するかたわら，お隣の太地町に足を延ばしてくじらの博物館に行ったりもした．また，ちょうどこの年，大阪に海遊館がオープンし，クロマグロの遊泳行動を観察しに行くついでに，イロワケイルカを見てきたりもした．金沢水族館（閉館）で開催された日本海セトロジー研究グループ（現・日本セトロジー研究会）の第1回研究会には中村先生と一緒に参加をし，先生の大学の後輩でもあった宮崎博士と三人でお酒を飲んだのは懐かしい思い出である．

　学部生の間は個人的に水族館でイルカやシャチの行動観察を行っていたものの，研究としてイルカに関わっていくのは大学院に進学してからのことになる．京都大学の大学院（農学研究科）への進学を希望したものの，狭き門で残念ながら合格できず，イルカの研究ができそうな他大学の大学院の情報を集めた．ちょうどそのタイミングで開かれた勇魚会セミナーの懇親会で，イルカの研究をされていた長崎大学大学院生の方の話を聞くことができた．長崎大学水産学部にはイルカの音響生態を研究されている竹村暘先生（現・名誉教授）がいらした．セミナーの数年前に出版された『海の哺乳類―その過去・現在・未来』（宮崎信之，粕谷俊雄編，サイエンティスト社）に竹村先生が書かれた「海獣類の音響生態」を読んでいたこともあり，長崎大学大学院水産学研究科を受験することを決意した．

　水産生物学研究室の田中克先生（現・名誉教授）が京都大学に移られる前に長崎市にある水産庁西海区水産研究所（現・国立研究開発法人水産研究・教育機構水産資源研究所長崎庁舎）にいらしたこともあって，先生のお手伝いで筑後川河口域のスズキ仔稚魚の調査に参加した際に長崎まで一緒に足を延ばさせていただき，竹村先生にお会いする機会を得ることができた．田中先生には直接研究指導いただいたことはないのだが，趣味がサッカーで共通していたこともあり（水産学系はサッカーの対外試合が盛ん），サークル活動ばかりやって授業を休みがちな私を色々と気に掛けてくださった．研究者としての姿勢も田中先生から学ばせていただいたことが多い．

スナメリのエコーロケーション

　竹村先生の研究室名は「漁業科学研究室」だった．研究室には，鯨類，板鰓類（サメ・エイ類のこと），その他の魚類を研究している人々がいた．

研究室の特徴として，他の大学から大学院に進学してきた人が多いことがあった．特に鯨類を研究したい人が集まってきていたように思う．博士課程に在籍し，長崎沿岸域に生息するスナメリの生活史に関する研究をされていた白木原美紀さん（現・東邦大学訪問研究員）には，進学早々，ストランディング（座礁・漂着・混獲）したスナメリの調査に連れて行っていただいた．資源生物学研究室の博士課程に在籍し，スナメリの個体群生態に関する研究をされていた吉田英可さん（故人）の有明海での調査にも同行させていただいた．

　私自身は，野生のスナメリに小型の記録計（データロガー）を装着して，潜水行動について研究したいと思っていた．スナメリは生きたまま定置網などで混獲されることがあり，そのような個体に記録計を背負わせて海に戻せればと思っていたのである．後に飼育下のスナメリを対象にハーネス（装着帯）で背中に記録計を装着する実験も行ってみたが，嫌がられてうまくいかなかった．スナメリが生きたまま混獲される保証はなく，修士課程の2年間で確実にデータがとれるようにと，竹村先生から水族館での研究を提案された．

　ちょうど，福岡のマリンワールド海の中道において保護されたスナメリを収容しており，竹村先生とマリンワールド海の中道との間で共同研究の話が進んでいたのである．紆余曲折はあったが，元々（トリトン，ソロモン以来）イルカが何を話しているか興味があったのと，竹村先生がイルカの音響生態を専門にされていたこともあり，スナメリの鳴音について研究することになった．鳴音とはあまり聞かない言葉だと思うが，イルカには声帯がないので，声帯を振動させることによって生成される音声とは区別して使われる用語である．

　最初に思い浮かんだのはスナメリの鳴音を使ったコミュニケーションであったが，すぐに壁にぶち当たった．文献を調べたらスナメリの鳴音は100kHzを超える超音波で，当時の機材では長時間連続して収録することは不可能であった．しかも，スナメリはハンドウイルカなど多くのイルカがコミュニケーションに使っているホイッスルという連続鳴音を出さず，主にエコーロケーション（反響定位）に用いられるクリックスというパルス鳴音のみを使っていることもわかった．エコーロケーションとはいわゆる生物ソナーのことで，生物が音を発し，そのエコー（反響）を聴くことによって物体の位置，距離，形状，性質などを把握する

ことである．これではコミュニケーションの研究は難しそうである．

　当時は，今と違って海外の論文を入手するのは一苦労であったが，幸い，研究室には欧米の海棲哺乳類に関する専門誌が揃えられていた．論文を読み漁った結果，最終的にテーマとして選んだのはスナメリのエコーロケーション能力に関する研究であった．ちょうどこの頃，欧米においてイルカの生物ソナーに関する研究が盛んに行われており，アメリカ海軍海中センターのウィットロウ・W・L・アウ博士（故人）のグループが，主にハンドウイルカを対象にエコーロケーションによる物体の識別能力に関する研究を行っていた．竹村先生と相談をした結果，マリンワールド海の中道との共同研究として，スナメリのエコーロケーションによる物体識別能力に関する研究をさせていただくことになった．ちょうど修士課程1年の冬にアウ博士の『The Sonar of Dolphins』（訳すと『イルカのソナー』）という本が出版され，大変参考になった．

　研究をはじめることにはなったものの，識別実験を行うためにはスナメリをトレーニングしなければならず，スナメリの鳴音を録音・解析できる機材も研究室にはなかった．ハンドウイルカやカマイルカなどと違って，スナメリのショーなど見たことも聞いたこともなかったので，果たしてトレーニングがどこまでできるのか正直不安な気持ちでいっぱいだったが，トレーニングに関してはマリンワールド海の中道のスタッフの方々に全面的にご協力いただけることになった．そこはさすがプロのトレーナーの方々，時間がかかって大変だったということだったが，実験に必要なトレーニングを無事行っていただくことができた．

　録音はデジタル・オシロスコープを使って音をデジタル信号に変換し，パソコンに取り込んで保存する方法をとることになった．当時のノートパソコンの性能では難しいということで，実験のたびに研究室のデスクトップパソコンを含む大型の機材を水族館に持ち込んでデータ収録することになった．音の解析については長崎市内の三菱重工業長崎研究所（現・総合研究所長崎地区）の協力を得られることになり，研究所で作成して使用されていたソフトに手直しをして使わせていただけることになった．

　実験の内容はこうである．まず，スナメリに見本（スナメリに選ばせたいもの）となる金属の円柱を提示し，エコーロケーションを使って見本のエコー（反射音）を覚えてもらう．目で見ないようにするためにハ

図3.3 マリンワールド海の中道でのスナメリの実験風景

ンドウイルカの研究ではアイキャップという目隠しが用いられていたが,スナメリに装着するのは難しかったので,材質がわからないように円柱を同じ色に塗ったり,円柱の周りを黒色の薄い膜で覆ってサイズの違いが見えないようにしたりと工夫を凝らした.続いて,見本と同じ金属円柱と,見本とは材質もしくは直径が異なる円柱を並べて提示し,エコーロケーションを使って調べてもらい,見本と同じ円柱を選んだら正解としてご褒美の魚を与えるというものであった(図3.3).実験を進めていくなかで,スナメリが実験に協力してくれない日があったり,機材にトラブルが発生したりと,実験がスムーズに進まないことが度々あったが,スタッフの方々の協力に支えられ,無事にデータをとることができた.水族館に合計2か月ほど滞在し,実験だけではなく,色々な場面でスタッフの方々のお世話になった.感謝してもしきれないほどである.空いている時間には他のイルカを観察することもでき,とても濃密な時間だった.

　実験期間中にはNHK福岡放送局が取材に来てくれ,「スナメリの"識別"研究」として夕方のローカルニュースで紹介いただいただけでなく,

19時からの全国ニュースでも取りあげられて驚いたものである．はじめてのインタビューに緊張してうまく話せず，放送を見て悔しくも思ったが，水族館で行わせていただいた研究を一般の方々にも広く知っていただくことの大切さも感じることができた．

研究はデータをとったら終わりではなく，解析をしなければならない．長崎に戻って四苦八苦しながら解析をして修士論文をまとめていくわけだが，その話はここでは割愛させていただく．結果として，スナメリはエコーロケーションによって物体の大きさや材質の違いをかなりの精度で識別できることがわかった（Nakahara *et al.* 1997）．

スナメリの個体間行動

時間を少し遡って，マリンワールド海の中道のスタッフの方々がスナメリのトレーニングをしてくださっていた間，全国のスナメリを飼育している水族館を見て回っていた．宮城県のマリンピア松島水族館（閉館），愛知県の南知多ビーチランド，三重県の鳥羽水族館，広島県の宮島町立宮島水族館（現・みやじマリン宮島水族館），熊本県の天草海底自然水族館（閉館）である．各地を回ってみて，スナメリの外部形態が地域によって違うことに驚いた．その中で，複数頭飼育していて，水中ガラス面から観察できた南知多ビーチランドと宮島水族館にお願いをして，スナメリの行動観察をさせていただいた（図3.4）．水族館で観察をさせていただくには館長さんに手紙を書いてお願いをするのだが，勇魚会を通してスタッフの方と知り合いになっていたことが大きな助けになった．

この頃になると，『行動研究入門―動物行動の観察から解析まで』（ポール・マーティン，パトリック・ベイトソン著，粕谷英一，近雅博，細馬宏通訳，東海大学出版会）のような，動物の行動観察についてデータのとり方から解析の仕方まで書かれている教科書的な本が出版されるようになり，適切な観察・記録方法を選べるようになっていた．動物の観察といっても単に動物を眺めていれば良いわけではなく，客観的な方法で定量的に測定を行う必要がある．観察をはじめる前に，測定する行動をカテゴリー分けして（行動目録の作成），どの個体をいつ見るか（サンプリング方式），行動をどのように記録するか（記録方式）を明確にしなければならない．

私が観察したかったのはスナメリの個体間行動である．南知多ビーチ

図3.4 南知多ビーチランドでのスナメリの観察風景

ランドにはオス2個体とメス1個体,宮島水族館にはメス2個体とオス1個体が飼育されていたので,同性間,異性間の行動を観察することができた.当時はまだビデオカメラが高価で,修士論文の研究とは直接関係のない観察に持ちだすほど台数に余裕はなかったこともあり,自作のチェックシート(行動記録用紙)が頼りであった.時には0時から24時まで,2時間おきに15分間,観察をさせていただいたこともあった.また,夜間の観察がない日でも,宿直のスタッフの方と夜の水族館を見回り,夜の動物たちの生活を垣間見ることができた.

　スナメリの行動観察をしていると,水族館で飼育されているハンドウイルカ,ハナゴンドウ,オキゴンドウ,カマイルカなどの他のイルカとの行動の違いが気になり出した.自分ですべての水族館を回って観察できれば良いのだが,そんなことはとうてい不可能だ.ちょうどその頃(こればかり),ちょっと古い本ではあったが『Cetacean Behaviour: Mechanisms & Functions』(訳すと『鯨類の行動:メカニズムと機能』)という本を読んでおり,そこにリチャード・H・デフラン,カレン・プライアーといったアメリカの研究者が飼育下の鯨類の行動に関するアン

ケート調査を実施した研究が掲載されていて，これを日本でもやってみようと思いたった．

　善は急げと竹村先生の許可を得て，全国のイルカを飼育している水族館の館長さんに宛ててアンケート調査への協力依頼を送った．今考えても大変不躾なお願いであったが，たくさんの回答をいただいて，貴重なデータを得ることができた．英文を和訳してアンケートを作成したので，意味が伝わりにくい選択肢もあり反省しているが，同じ基準で複数の種を比較することができたので，大変興味深い結果を得ることができた．このとき回答のあった鯨種を見てみると，マイルカ科のシャチ，コビレゴンドウ，オキゴンドウ，ハナゴンドウ，ハンドウイルカ，ミナミハンドウイルカ，カマイルカ，イロワケイルカ，ネズミイルカ科のネズミイルカ，スナメリ，イッカク科のシロイルカ（ベルーガ）の11種であった．ただし，この頃はまだミナミハンドウイルカはハンドウイルカの亜種としての扱いだったので，正確には10種1亜種といったところだろうか（Nakahara & Takemura 1997）．

　スナメリの個体間行動に関する研究や飼育下のイルカの行動に関するアンケート調査は修士論文の内容とは直接関わりはなかったが，研究に没頭できるのが大学院生の良いところ．興味を持った研究に色々と手を出してみる時間的余裕があった．また，先輩や後輩の研究を手伝って見聞を広めることもできた．この頃の研究室の様子は，研究室の後輩でもある漫画家・草場道輝さんの『第九の波濤』（小学館）に垣間見ることができる．

シグネチャーホイッスル仮説

　聴こえない音（超音波ですから）に四苦八苦しながらもなんとか修士論文はまとまる気配をみせてきた．博士課程への進学を希望していたものの，テーマの問題，機材の問題，お金の問題など問題山積みで，スナメリのエコーロケーションに関する研究を続けるか悩みに悩んだ．いちばん頭を悩ませたのは，自分には聴こえない音を研究していたことであった．再生スピードを遅くすれば聴こえるので，実際に鳴いているのは間違いないのだが，いかんせん収録中は何も聴こえない．その時点では鳴音と行動を絡めた研究ができるとは思えなかった．実はその後に音響データロガーが開発され，スナメリの音響行動が観察できるようになる

のだが，当時はまだ無理だったのである．

　悩んだ末，博士課程では一度はあきらめたデータロガーや衛星標識を用いたイルカの行動研究がしたいと思うようになり，東京大学海洋研究所（現・大気海洋研究所）に移られたばかりの宮崎博士を訪ねてみた．宮崎博士の話を聞いてみると，ハンドウイルカに衛星標識を装着して回遊経路について調査するプロジェクトが進んでいるというではないか．これはチャンスであると思い，東京大学大学院農学生命科学研究科を受験することにした．ちなみに，私が長崎大学に在籍していた2年間にスナメリが生きて混獲されることはなく，スナメリにデータロガーを背負わせる研究は幻に終わった．竹村先生のアドバイスに従っておいて本当に良かったと思う．

　長崎大学の研究室は先生にも先輩・後輩にも恵まれ，とてもアクティブだったので，他の大学院を受験するのは後ろ髪を引かれる思いであった．宮崎博士の研究室は立ち上がったばかりで，合格すれば自分たちが一期生となり，先輩はいない．しかも，東京大学とはいえ研究室は大槌臨海研究センター（現・国際・地域連携研究センター大槌沿岸センター）で，岩手県の三陸にあり，近場にイルカを飼育している水族館はなかった．ただ，野生のイルカを研究するには最高の環境と思えた．

　無事に試験に合格して東京大学大学院の博士課程に進学することになった．試験も合格発表も2月だったので，慌ただしく長崎から岩手に引っ越すことになった．岩手に移って宮崎先生と話をすると困ったことになった．ハンドウイルカに衛星標識を装着するプロジェクトはたくさんの人が関わるもので，一介の学生の博士論文の研究のために使えるようなデータではなかったのである．振り出しに戻って，自分は何が知りたいのか，何ができるのか，考えた末に導き出したのが，長崎大学に在籍していたときに修得した音響解析技術を活かして，イルカのコミュニケーションに関する研究をしようというものであった．

　多くのイルカはホイッスルとよばれる鳴音を使ってコミュニケーションを行っており，この鳴音は私たち人間の聴覚でも基本となる周波数の部分を聴くことができる．研究対象種は，色々と考えた結果，多くの水族館で飼育されており，なんとかすれば野生個体からもデータをとることができると思われたハンドウイルカに決めた．まずはハンドウイルカを知らねばならない．ちょうど数年前に発行されていた『The

Bottlenose Dolphin』（訳すと『ハンドウイルカ』）という本に，メルバ・C・コールドウェル，デビッド・K・コールドウェル，ピーター・L・タイアックといった研究者がハンドウイルカの「シグネチャーホイッスル仮説」に関する総説を書いており，この仮説に興味を持った．

　シグネチャーホイッスル仮説とは，ハンドウイルカなど一部のイルカが発達させる個体に特徴的な抑揚のあるホイッスルが，自分のアイデンティティを知らせるためのサイン（シグネチャー）として用いられているというものであった．この総説において，シグネチャーホイッスルは個体の内的状態によって変調したり，繰り返しの回数が変わったりするが，極めてステレオタイプであること，そして，その役割は各個体が自分のアイデンティティや位置情報を群れの仲間に知らせることにあるのではないかと書かれていた．ただ，あくまで仮説であり，当時，反論も多かった．シグネチャーホイッスルに興味を持った私は，この仮説を証明したいと思い，博士課程のテーマとしてこのシグネチャーホイッスルを扱うことにした．

ハンドウイルカの鳴き交わし

　まず，頭を悩ませたのはシグネチャーホイッスルをどう研究するのかだった．先行研究でもハンドウイルカ各個体の全ホイッスル数に占めるシグネチャーホイッスルの割合はまちまちで，コールドウェル博士らが隔離飼育個体から収録したシグネチャーホイッスルの割合は80〜100%と非常に高いものであったが，たくさんの個体を一緒に飼育しているような条件下や自然条件下ではこのような高い値になることはなかった．そもそもシグネチャーホイッスルはどのようなときに発せられるのか，そこから知る必要があった．

　群れのサイズや構成が流動的に変化する離合集散社会を形成する野生のハンドウイルカでは，小さなグループがくっついたり離れたりしながら生活している．そのため，お互いを識別したり互いの位置を特定したりすることは重要であると考えられた．しかしながら，自由に泳ぎ回っているイルカがいつどんなタイミングでホイッスルを発しているのかを知るのは非常に困難であった．なぜなら，イルカは鳴音を発するときに口を開ける訳ではないので（イルカの鳴音は鼻の中にある器官で発せられる），複数のイルカがいる場合，外から見てもどの個体が音を出して

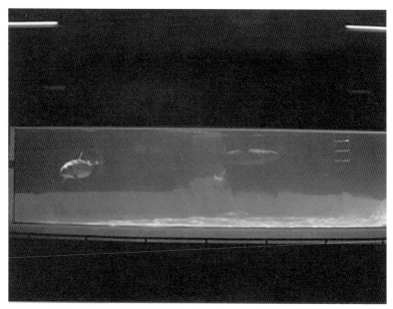

図3.5 南知多ビーチランドでのハンドウイルカの観察風景

いるのかわからないのである．例外的に，ホイッスルを発するタイミングで噴気孔（鼻の穴）から空気の泡がもれ出ることがあるが，水面下のイルカを継続的に観察してそのチャンスを待つのは確率が低すぎる．

　研究方法が決まらないまま，とりあえずハンドウイルカがどんなときに鳴くのか，水族館で観察をさせていただくことにした．観察場所は，スナメリの行動観察でもお世話になった南知多ビーチランド．岡本一志所長（当時）に相談をしたところ，まだどんな方法で研究を行うか決まっていなかったにもかかわらず，快く受け入れてくださった．ここには対話ホール（現・イルカホール）というイルカの水中観察に適した施設があり，ハンドウイルカをじっくりと観察することができた（図3.5）．当時，オーキーとリヴというメスのハンドウイルカ2個体がこの施設で飼育されており，ホールの観覧席に腰を下ろして彼女たちの発するホイッスルを聴いてみることにした．そうしていると，割とすぐにオーキーとリヴが発するホイッスルの特徴に違いがあることがわかった．しかも，この特徴的なホイッスルを使って会話をしているように思えたのだ．具体的には，オーキーが鳴いて，次にリヴが鳴くといったように，かわり

ばんこに鳴いているように感じられた.

このときのイメージを岩手の研究室に持って帰り,研究のヒントとなるようにとサル(霊長類)や鳥類のコミュニケーションに関する論文を取り寄せて読み漁ってみた.その中に,アメリカ国立衛生研究所の正高信男博士(後に京都大学霊長類研究所)とマキシーン・バイベン博士が書かれたリスザルの鳴き交わしに見られる時間的規則性に関する論文を見つけ,これだと思った.リスザルはチャックコールという鳴き声を発し,他の個体がこの鳴き声に反応する場合には0.5秒以内に応えるというルールがあるというものであった(Masataka & Biben 1987).きっと,ハンドウイルカもシグネチャーホイッスルを使って規則性を持って鳴き交わしているに違いないと思った.

早速,オーキーとリヴの行動とホイッスルのデータをとってみることにした.オーキーもリヴもホイッスルを発する際に口を開けることはないので,どちらの個体がホイッスルを発したのか識別するために,水中マイクをプールに2本設置することにした.ステレオ収録である.私たち人間は水の中に入るとどの方角から音が聴こえてきたのかわかない.私たちは左右の耳にそれぞれ聴こえる音の大きさと時間差を認識して音の方角を判断しているのだが,水中では音は空中と比べて5倍近く速く伝わり,減衰も小さいことから,音量差も時間差も認識することができなくなる.時間差を認識できるようにするためには,左右の耳の距離を少なくとも5倍にすれば良いわけで,試しにプールの両サイド,約10メートル離れた場所に水中マイクを設置してみた.

ねらい通り,水中のホイッスルが聴こえる位置はオーキーとリヴの位置に合わせて変化していた.これでなんとか発音個体の識別はできそうである.水中マイクで拾った音を8ミリビデオカメラのマイク端子から入力して,音と映像をリンクさせることにした.ただし,8ミリビデオに映像とともに録音できる音の周波数範囲はホイッスルを収録するには不十分であったため,ホイッスルの音響特性解析用にはデジタルオーディオテープを用いることにした.

オーキーもリヴも普段は色々な抑揚の形を持ったホイッスルを発していたが,鳴き交わしの間に発せられたホイッスルの80%以上がシグネチャーホイッスルであった.そして,先行する個体のホイッスルに対して,1.0秒以内に応える時間的規則性があることもわかった(Nakahara

& Miyazaki 2011). ただし，この時間間隔は対話ホールのプールの広さに対応したものであり，空間の広さが変わればルールも多少変わる.

南知多ビーチランドでもスタッフの方々にとても良くしていただいた. 長いときは連続して1か月以上滞在しており，ご飯を一緒に食べに行くことも多く，話をさせていただく機会がたくさんあった. イルカの個体のこと，トレーニングのこと，体調管理のこと，日頃イルカについて疑問に思っていること，やってみたいことなど，興味深い話がたくさん聞け，研究を進めていくうえでも大変参考になった. また，イルカの搬入に同行させていただいたり，ビーチランドのイルカ数個体を夏の一時期，知多半島の先端近くの日間賀島に連れて行って海水浴場でリフレッシュさせる試みにも参加させていただいたりした. 日間賀島での取り組みは現在も続いている. また，ストランディングしたスナメリの対応にも連れて行っていただき，解剖の手伝いもさせていただいた.

南知多ビーチランドの2個体だけでは鳴き交わしの規則性がハンドウイルカにおいて一般的なものであるかわからないので，他の水族館，東京都のしながわ水族館でも同様にデータをとらせていただいた. カレン，ラップ，サンディというメス3個体の間での鳴き交わしを観察し，南知多ビーチランドと同様の時間的規則性を確認することができた. 使用されていたホイッスルも85%以上，シグネチャーホイッスルだった.

飼育下で見られたシグネチャーホイッスルによる鳴き交わしの時間的規則性は果たして野生のイルカでも見られるのか. それが気になり，伊豆諸島の御蔵島周辺海域に生息するハンドウイルカ（現在はミナミハンドウイルカに分類）を対象とした鳴き交わしに関する研究も行ったが，その話は本書の趣旨から離れてしまうので別の機会に譲ることにする.

プレイバック実験

鳴き交わしという文脈でシグネチャーホイッスルが使われていることはわかった. しかしながら，シグネチャーホイッスル仮説を証明するためには，シグネチャーホイッスルで個体の識別ができていることを確かめなければならない.

南知多ビーチランドのスタッフでいらした同世代の駒場昌幸さん（現・R-Dolphin）が興味を持ってくださり，色々な実験手続きを検討した結果，特定の刺激にのみ反応して，その他の刺激には反応しない Go/

図3.6　南知多ビーチランドでのハンドウイルカの実験風景

No-go課題という手続きを使って実験をしてみることにした．たとえば，オーキーのシグネチャーホイッスルを水中スピーカーから流してリヴに聴かせ，近くに設置したパドル（イルカが反応して触る小型の櫂のようなもの）に触ればOK，ビーチランドのイルカスタジアムで飼育されている他の個体のシグネチャーホイッスルには反応しなければOK，といった具合である（図3.6）．しばらくトレーニングを続けてみたが，特定の音を聴いたらパドルに触るという関連性を学習させるのが難しかったようで，うまくいかなかった．

　参考にしたのはまたしてもサルの論文で，プレイバック実験を用いた研究手法だった．プレイバック実験は文字通り，音をスピーカーからプレイバックして反応を見る実験である．たとえば，ベルベットモンキーはヒョウ，ワシ，ヘビに対して異なる警戒音を発する．ヒョウへの警戒音をプレイバックすると木に登り，ワシだと藪に逃げ込み，ヘビだと立ち上がって足もとを見回す，といった具合である．トレーニングは特に必要としない．

　ただし，オーキーとリヴは色々とトレーニングをして混乱させてしま

ったので，他の個体に被験体になってもらう必要があった．ビーチランドの他のプールでは実験実施が困難だったので他の水族館を探していたところ，勇魚会で大変お世話になっていた鴨川シーワールドの鳥羽山照夫館長（故人）がおもしろそうだからうちでやってみたらといってくださった．

　実験に参加してくれたのはアム，マース，オリバーというオスとメルというメスのハンドウイルカだった．場所は3つのプールが連なったサーフスタジアム．それぞれのプールはゲートで仕切ることが可能で，動物を分けることができた．まず彼らのホイッスルを収録してシグネチャーホイッスルを特定した．次に，実験の際には被験体となる1個体だけを残して，他の個体は隣のプールに移動してもらった．この状態でも隣のプールの個体のホイッスルも聴こえるので，自然に鳴き交わしも起こっていた．実験をはじめて，ゲート脇に設置した水中スピーカーから他の3個体のシグネチャーホイッスルをプレイバックして聴かせてみたところ，見事に鳴き交わしの時間ルールに従って被験体のシグネチャーホイッスルが返ってきた．とりあえず第一段階の実験は成功である．

　次に，聴いたことのない，他の水族館で飼育されているハンドウイルカのシグネチャーホイッスルをプレイバックしてみたところ，なんとどの個体も返答しなかった．つまり，仲間のシグネチャーホイッスルには応えるけれど，知らない個体のシグネチャーホイッスルには応えなかったのである．これは，少なくともシグネチャーホイッスルを聴き分けて反応していることに他ならなかった．ただし，これだけではシグネチャーホイッスルが個体のアイデンティティを伝えていることにはならない．単に聴いたことある音に反応していただけかもしれない．

　ここで，馴化–脱馴化法という実験手続きを用いてみることにした．馴化とは同じ刺激を繰り返し提示すると慣れが生じて反応しなくなることで，ここで新たな刺激を提示すると反応が復活する（脱馴化）．実はプレイバック実験もずっと同じシグネチャーホイッスルを被験体の返答とは無関係に一定のタイミングで流していると反応しなくなってくる．ここにタイミングは同じでも異なる個体のシグネチャーホイッスルをまぎれ込ませるとどうなるか．鮮やかに反応が復活したのである．これで，聴いたことのあるシグネチャーホイッスルでも個々を聴き分けていることがわかった．

Go/No-go 課題のトレーニングからしばらく時間がたったこともあり，南知多ビーチランドでもプレイバック実験をさせていただくことになった．ただし，被験体はオーキー，リヴではなく，エリー，パンジーという別のメス2個体で，実験方法も鴨川シーワールドで行ったものとは異なり，イルカの脳波を測定して，異なる個体のシグネチャーホイッスルを聴かせたときに脳波がどう変化するかを調べるというものであった．

実験にはオドボール課題という手続きを用いた．オドボール課題は，同じ刺激（高頻度刺激）が繰り返し提示される中でまれに異なる刺激（低頻度刺激）を提示して反応を測定する課題である．高頻度刺激と低頻度刺激に対して脳内では異なる情報処理が行われて，その情報処理過程の違いを事象関連電位（外的または内的な事象に関連して生じる脳の電位変動）によって検出する．脳波計は NEC メディカルシステムズ社からお借りすることができた．最も困難を極めたのは，イルカが音を聴く際の経路となる下顎は水中にあって，脳波計の電極を貼り付ける頭から背中にかけては水の上に出しておいてもらう必要があったことだった．イルカたちにはかなりの負担をかけてしまったが，無事に事象関連電位を測定することができた．高頻度で個体 A のシグネチャーホイッスルを再生する中に低頻度で個体 B のシグネチャーホイッスルを混ぜて再生したところ，低頻度刺激に対して脳の電位変動が起こったことから，ハンドウイルカは異なるシグネチャーホイッスルを聴き分け，低頻度で提示されたシグネチャーホイッスルに注意を払うことが示された．

ハンドウイルカがシグネチャーホイッスルを聴き分けていること，知っている個体のシグネチャーホイッスルと知らない個体のシグネチャーホイッスルに対しては異なる反応を示すことはわかった．しかしながら，シグネチャーホイッスルを聴いて特定の個体を思い浮かべることができるのかはわからなかった．「個体認知」は厳密な意味では個体識別とは異なり，その個体の同定という内容が含まれる．たとえばヒトは，ヒトの顔，声，話し方，しぐさ，歩き方など，実に様々な情報を統合して個体を認知している．イルカにおいても様々な情報を統合した結果としての「個体認知」が可能かどうか，そこが知りたいと思った．

水族館からフィールドへ

大学院博士課程を修了して博士号（農学）を取得した後もすぐには就

職先が見つからず，無給の研究員として研究室に残ることになった．博士課程在籍中は水族館での実験，観察が中心ではあったが，御蔵島でのフィールド調査以外にも研究室の他のメンバーの調査の手伝いでフィールドに出ることがあった．特に，大槌臨海研究センターの助手でいらした天野雅男先生（現・長崎大学教授）の三陸沖や北海道南西部の噴火湾（内浦湾）での調査に参加させていただき，コビレゴンドウやカマイルカの鳴音の収録を行っていた．博士研究員として在籍していた間はフィールド調査がメインとなり，新たな水族館での実験，観察は行っていなかった．

就職活動（といっても公募情報を見つけては書類を送るだけだが）をはじめて一年，紆余曲折はあったものの，現在の職場である常磐大学に新設されたコミュニティ振興学部に教養科目を担当する専任講師として職を得ることができた．常磐大学では教養科目の「生態学」や「生命の科学」など，自然科学系の科目を中心に授業を持つことになったが，イルカを専門的に教えるような科目はない．「ゼミナール」や「卒業論文」では，コミュニティ振興学部の2学科（コミュニティ文化学科とヒューマンサービス学科）の学生で「ヒトと動物の関係」について学びたい学生たちを指導することになった．研究室もそれまでのような一つの研究室に複数の教員がいる小講座制ではなく，教員一人ひとりが研究室を持つ形になった．私も専任講師ではあったが独立した一つの研究室を持つことになり，研究内容も個人の裁量に委ねられることになった．

就職後も博士研究員のときの研究テーマを継続，拡大して行っていたことから，フィールド調査がメインとなった．大槌臨海研究センターの共同利用外来研究員としての三陸沖タッパナガ（北方系のコビレゴンドウ）調査，沖縄美ら島財団総合研究センターとの共同研究としての沖縄本島北方海域でのマゴンドウ（南方系のコビレゴンドウ）調査など，外部機関との連携で調査を行っていた．

水族館での研究は，学生の卒業研究（卒研）を兼ねた音響行動観察を細々と実施させていただく程度になってしまった．しかも，自分のゼミナールの学生にはイルカを扱いたいという学生はほとんどおらず（社会科学系の学部だったし），主に他大学の卒研生の外研（外部の研究室に所属すること）指導としてであった．アクアワールド大洗，鴨川シーワールド，下田海中水族館（静岡県下田市）でハンドウイルカやシャチの

観察を行わせていただいた.

水族館での研究が少なくなってしまった理由でいちばん大きかったのは, 授業期間中に長期間学外に調査に出ることが難しかったことがあげられる. 大学院生の頃は平気で1か月や2か月続けて水族館で実験や観察を行わせていただいていたが, 休講したら補講を行わなければならない立場になったことから, 水族館との共同研究をお願いしづらくなってしまった. データは自分でとりに行くものと思っていたので, 自分が行けないのであればデータを集めにくい. 授業のない, 学生が夏休みや春休みの期間は, 水族館はお客さんが多くなる時期でもあり, 観察や実験がしづらいという問題もあった.

再び水族館へ：ハンドウイルカの社会的認知

大きな転機となったのが, 2008年9月に名古屋港水族館で開催された国際ワークショップ『森の心, 海の心：チンパンジーとイルカの比較認知科学』(主催：京都大学霊長類研究所, 京都大学野生動物研究センター)であった. 霊長類研究所の友永雅己先生 (現・人間環境大学教授) や野生動物研究センターの森阪匡通さん (現・三重大学教授) に声を掛けていただき, イルカ側の講演者としてイルカのコミュニケーションと社会的認知に関する話をする機会を得た. そのときに, 海外の研究者から鋭いツッコミがあり, 10年間扉を閉ざしていたハンドウイルカの「個体認知」に関する実験をまたやりたいと思うに至ったのである.

水族館で実験をさせていただくには, 研究協力者と研究資金 (機材購入や旅費として) が必要である. 資金については幸い翌年4月, 日本学術振興会の科学研究費補助金 (科研費) が採択され, 残された問題はどこの水族館のどなたにご協力いただくかになった. そんなとき, この年の7月にリニューアルオープンした西海国立公園九十九島水族館海きらら (長崎県佐世保市) のイルカ課に着任された (当時) 駒場昌幸さんから連絡があり, あのときうまくいかなかった実験 (102ページ参照) の続きをやろうと力強い言葉をいただいたのである. 科研費が採択されていなければ佐世保までの旅費が心許なく, まさに奇跡的なタイミングで実験に協力してくださる水族館も見つけることができた.

目標は, 聴覚と視覚による情報を統合した個体認知ができるかどうかを確かめること. 博士課程のときの研究で聴覚情報による個体識別はで

図3.7 西海国立公園九十九島水族館でのハンドウイルカの視覚実験風景

きているらしいことがわかっていたので，まずは視覚情報で個体識別ができるのかを調べることにした．早速，10月に海きららを訪れ，川久保晶博館長（現・社長）に共同研究の申し入れをして，駒場さんと実験とトレーニングの方法について話し合った．実験方法として候補にあがったのは選好注視法と馴化‐脱馴化法であった．馴化‐脱馴化法は聴覚情報による個体識別実験でも用いたが，選好注視法は二つ以上の刺激を提示して，注視時間の違いから刺激を見分けているか調べる方法である．

　実験の手順は以下の通りである．選好注視法では，イルカプールの水中観察窓に4枚の画像を提示する方法を用いた．そのうち3枚は同じ画像で，1枚だけ異なる画像を仕込んでおく．イルカが1枚だけ異なる画像を認識して気にかければ注視時間が長くなるはずというものである．馴化‐脱馴化法では，TVモニターを使用して馴化画像に馴化させた後，馴化画像と新規画像合わせて2枚を同時に提示し，被験体の各画像注視時間を計測した（図3.7）．注視時間はCCDカメラで収録したイルカの頭部の向きと視軸から，視線を推測する方法を用いた．イルカが馴化画像と新規画像を見分けていれば，新規画像の注視時間が長くなるはずで

ある.

　まずはイルカに実験を理解してもらう目的もあり，見た目の違いが大きい種の識別実験を行った．実験に協力してくれたのはナミとニーハというメスのハンドウイルカとリリーというメスのハナゴンドウ．彼女たちにイルカ類7種の全身画像を用いて識別実験を行ったところ，異なる画像・新規画像を長く注視しており，種の違いを全身画像に基づいて識別できることが示された．同様に，ナミとニーハを対象に個体識別実験を行ったところ，種識別実験と同様に異なる画像・新規画像を長く注視しており，個体の違いを全身画像に基づいて識別できる可能性が示唆された．現在，個体のどのような違いをもとに識別を行っているのかを知るために，実験を継続しているところである．

　また，現在，視覚情報と聴覚情報を統合した個体認知ができるのかについても実験を進めている．以前，海外の研究者とも視覚と聴覚の感覚統合に関する実験が難しいことは話していたことがある．その研究者もやってみたけどうまくいかなかったといっていた．実は最近，その研究者を含むグループが，ハンドウイルカが聴覚情報と味覚情報を統合して個体認知できるという研究結果を発表した（Bruck, Walmsley & Janik 2022）．味覚情報は尿の味である．私は思いもつかなかった．やられたと思う反面，こういう研究が出てくるとうれしくなる．

ハンドウイルカの向社会行動

　水族館に滞在して研究をしていると新たな研究テーマに出会う，もしくは見つけることがある．ぼーっとイルカを眺めていて疑問に思うことがテーマになることもあれば，飼育スタッフに聞いた話がテーマになることもある．近年，大学教員の仕事は教育，学内行政，社会貢献の比重が高まっており，研究に割ける時間が少なくなりつつある．でも，大学に閉じこもってばかりいては研究テーマ（アイデア）が湧いてこない．たまに映像を見て気付くこともあるが，やはり生き物を研究している以上，実物を見てナンボである．

　海きららではイルカの環境エンリッチメントに取り組んでおり，様々なおもちゃを導入することでイルカが退屈しないように努めていた．環境エンリッチメントとは「動物福祉の立場から，飼育動物の"幸福な暮らし"を実現するための具体的な方策」（市民ZOOネットワークのホ

ームページ http://www.zoo-net.org/ 参照）のことである．中には大掛かりなものもあり，駒場さんが作成されたシャワー装置はイルカがボタン（銭湯や温泉の洗い場にあるようなボタン）を押すと水が一定時間シャワーから流れて，イルカは自由に水浴びができるというものであった．おもしろそうなのでイルカの水浴びを観察していたら，ある個体がボタンを押して他個体が水浴びをしたり，2個体が一緒に水浴びをしたりしていることがあることがわかった．これは研究テーマになるのでは？と思って取り組んだのが，ハンドウイルカの向社会行動に関する研究である．

　向社会行動とは「他者や所属するコミュニティ全体に利益を与える行動のこと」（上田ら，2013）で，協力行動，分配行動，援助行動などが含まれる．イルカ類の向社会行動としては，マイルカ科の集団狩猟，ハンドウイルカの成熟オス連合，シャチ，オキゴンドウ，ハンドウイルカの食物分配，マイルカ科の救助行動などが報告されている．

　一つ目の実験方法は向社会的選択課題で，この課題では一般的に二つの選択肢の中から一つを選ぶことを要求される．一つ目の選択肢は被験

図3.8　西海国立公園九十九島水族館でのハンドウイルカの向社会行動実験風景

図3.9 西海国立公園九十九島水族館のハンドウイルカのジャンピングキャッチボール

個体と他個体の両方に報酬（シャワーを浴びる）を提供する向社会的選択で，二つ目の選択肢は被験個体だけ報酬を得ることができる利己的選択である．装置2台を並べて設置し，装置Aのシャワーは装置Aの上方に，装置Bのシャワーは装置Bから離れた位置に取りつけ，イルカの行動を観察した（図3.8）．装置Aのボタンを押せば押した個体がシャワーを浴びることができ，装置Bのボタンを押せば他個体がシャワーを浴びることができる．その結果，イルカはシャワーBの前に他個体がいない場合は装置Aのボタンを押して自分でシャワーを浴び，シャワーBの前に他個体がいる場合は装置A,B両方のボタンを押して自分と他個体の両方がシャワーを浴びられるようにしていた．

二つ目の実験方法は手助け課題で，他個体を手助けするか（向社会的選択），何もしないかの二つの選択肢が提供される．シャワー装置は1台用い，装置（ボタン）は被験個体の前に，シャワーは隣のプールにいる他個体の前に設置した．被験個体がボタンを押せば，他個体だけがシャワーを浴びられる仕組みである．

実験に協力してくれたのはハンドウイルカのナミとニーハ．両方の課題において，被験個体が向社会的選択を選ぶことが観察された．これらの実験では，向社会的選択はパートナーからの要求がなくても自発的に行われていた．これらの結果は，イルカが他者配慮行動に対する選好性を示すことを示唆するものであった（Nakahara *et al.* 2017）．

海きららではこれらの実験以外にも様々な観察をさせていただいた．海きららではイルカのプログラムにおいて，ジャンピングキャッチボールという種目を行っている．ジャンピングキャッチボールは，水面に飛び出したイルカが口にくわえたボールを投げ，それを他の個体が空中で，口でキャッチするというものである（図3.9）．どうやってイルカはキャッチボールのタイミングを合わせているのか，不思議に思ったので研究テーマにさせていただいた．他にも，なぜイルカは空中で鳴音を発するのか，イルカはおもちゃを道具として使うことができるのかなど，色々な研究テーマが思い浮かんで共同研究をさせていただいているが，紙面の都合でここでは割愛させていただく．また機会があれば紹介させていただこうと思う．

イルカ音響タッチパネルの開発

水族館で実験を行う際には，実験器具を含め，色々と自作しなければならないものが出てくる．たとえば，水中マイクをイルカのいるプールに入れるにしても，イルカが噛み付いて壊してしまってケガをしないように工夫をする必要がある．具体的には塩化ビニル樹脂（塩ビ）製のパイプを加工して水中マイクとケーブルが入るカバーを作ったりした．水族館によって水中マイクを設置できる場所が異なることから，それぞれの水族館のプールに合ったカバーを作成する必要がある．また，向社会行動の実験で使ったシャワー装置もベースは塩ビパイプで，駒場さんのお手製である．

ただし，なかには自分では作れないようなものも研究では必要になってくることがある．ここでは，ハンドウイルカの社会的認知実験のために（株）アクアサウンドの協力を得て，京都大学霊長類研究所，京都大学野生動物研究センター，西海国立公園九十九島水族館海きららと共同で開発を行った「イルカ音響タッチパネル（DATP）」（中原2017）を紹介する．アクアサウンドの新家富雄さん（故人）には曳航式水中マイク

図3.10 水中観察窓のアクリル面外側に貼り付けたイルカ音響タッチパネルのセンサー(マイク)

の開発でもお世話になっていたが,DATPの開発に関しても便宜を図ってくださった.

　タッチパネルとは,ディスプレーに表示されているメニュー画面に指などで直接触れることで操作できる入力装置のことである.イルカにはメニュー画面に触る指がなく,吻先で触るにも接触面が大きいことから,DATPでは直接触れる代わりに超音波を当てて操作できる仕組みを目指した.また,通常のタッチパネルはイルカが吻先を水面から出さなければ使用できないが,DATPはイルカが水中にいながら操作することができる利点があり,イルカが装置に直接触れることはないため,イルカにも装置にもケガや故障などのリスクは少ない.

　DATPは,センサー(マイク),パネル装置(スクリーンもしくはモニター),信号処理装置,鳴音波形観測装置,パソコンなどから成り,クリックスの当たった場所を検出してイルカへ様々なフィードバックを行う仕組みになっている.センサー部分となるDATPのマイクはアクリルに包埋されており,当初はアクリル製のパネル装置に貼りつけてパ

ネルごと水中に設置する計画であったが，水族館の水中観察窓等のアクリル面に貼り付けても使用できることが確認されたことから，水中観察窓に貼り付けて使用することが多くなっている．このマイクを三つ以上設置することで，クリックスの当たった場所を検出することができるようになる（図3.10）．

DATP は，現在，二つの機能を有している．一つ目がタッチパネルとしての機能で，イルカが任意の場所に音で触れると，映像（もしくは画像）が切り替わったり，音が出たりといったフィードバックがなされる．もう一つがクリックスの当たった場所を追跡する機能である．ヒトやその他の霊長類の認知研究では，視線の動きを追跡・分析するアイトラッキング（視線計測）という技術が用いられているが，いうなればアイトラッキングの音版，クリックトラッキングとでもいえる機能である．

また，DATP 用マイクは水族館の水中観察窓等のアクリル面外側に貼り付けても使用できることから，DATP 専用のマイクとしてだけではなく，水中マイクの代替品としての活用が可能であり，水族館での水中音の収録をより簡単に行うことができるようになった．先述の塩ビパイプのカバーを作製する手間もなくなり，イルカへのリスクを取り除くこともできる．複数のマイクを設置しやすいことから，発音個体の特定にも役立つ．また，教育プログラムなどにおいて入館者に簡単に動物の鳴音を聴かせることができるようになり，展示の面で色々な使い方が考えられる．

シャチの音響行動

水族館での研究を再開させていただいてからもフィールドでの研究も続けてきた．東日本大震災（2011年3月11日）の影響でできなくなった研究，新たにはじめた研究もあったが，ここで紹介したいのは私が子どもの頃から興味を持っていたシャチに関する研究である．野生下での研究で，この本の主旨からはちょっと横道に逸れるが，あとでまた水族館での研究に繋がってくる．

2010年に東京大学大学院時代の同期，大泉宏さん（現・東海大学教授）から野生のシャチ研究のお誘いを受け，北海道の釧路沖に来遊するシャチの調査を行った．2011年には大泉さんの呼びかけで，北海道大学，東海大学，常磐大学，三重大学，京都大学の研究者を中心とした北海道シ

図3.11 鴨川シーワールドでのシャチの観察風景

ャチ研究大学連合(Uni-HORP)が立ち上がり,共同研究がはじまった.2012年からは北海道羅臼町沿岸の根室海峡に来遊するシャチの調査も開始し,現在も調査を続けている.

私はこの調査チームにおいて音響調査を担当している.シャチはコールとよばれる特徴的な鳴音を発し,安定した母系の血縁集団で暮らす定住性のシャチでは,集団内でステレオタイプなコールを共有していることが知られている.コールの類似性と血縁関係の間には相関があり,血縁関係が近いほど共有しているコールの数が多いことが知られている(Deecke *et al.* 2010).

シャチの群れを発見して追跡する際に曳航式の水中マイクを船から下ろして録音を行うのだが,野生下ではどの個体が鳴いているのか,水中でどんな行動をしているときに鳴いているのかわからないことが多く,個体レベルでの研究を行うには困難な点が多い.現状では個体レベルで鳴音の研究をしようと思うと,飼育下,水族館での研究が欠かせない.もちろん,飼育下での音響行動は野生下とは異なるところも多い.餌を自分で捕らなくてよいし,飼育されている数も少ないので個体間関係に

変化が乏しく，発する鳴音の種類も数も飼育下では少なくなることがわかっている．とはいえ，野生下で観察できないことが飼育下なら観察できるのも事実である．

私自身は水族館で飼育されているシャチの鳴音を研究テーマにしたことはなかったのだが，私が指導にかかわって卒業研究でシャチの鳴音の研究を行った他大学の学生さんがいた．山本友紀子さん（故人）は東京農工大学の4年生だったときに鴨川シーワールドでシャチの観察を行い，鳴音と行動との関係について卒業論文を書いている（図3.11）．大学院では野生のアマゾンカワイルカやガンジスカワイルカの研究をされていたが，元々シャチが好きだったこともあって，Uni-HORP に加わらないかと声をかけたら二つ返事で快諾してくれ，一緒に音響調査を担当してもらっていた．

現在，鴨川シーワールド，名古屋港水族館との共同研究として，飼育下のシャチの音響行動を個体レベルで観察させていただいている（図3.12）．鴨川シーワールドの勝俣浩館長には私が大学院生の頃から，名古屋港水族館の日登弘館長（当時）にも以前からお世話になっていたこともあり，共同研究の話はスムーズに受け入れていただけた．実際に観察やデータの解析を主に行っているのは私の研究室の大学院生で，発音個体を特定して，鳴音と行動との関係，個体間，個体内でのコールの変異について詳しく調べてもらっているところである．

山本さんが鴨川シーワールドで観察していたラビーというメスの個体は，現在も鴨川シーワールドで妹のララ，娘のルーナと一緒に暮らしている．ラビーの母ステラとその娘（ラビーの妹）ランは神戸須磨シーワールド，ラビーの息子アースとラビーの妹リンは名古屋港水族館で共に暮らしている．

色々な人が研究に関わってくれることによって研究が引き継がれていき，長期間にわたって同じ個体の鳴音や行動を追跡することができ，年齢や個体の組み合わせによる変化なども知ることができるようになる．

飼育下での研究結果と野生下での研究結果を照らし合わせながら，複雑なシャチの鳴音がどのように用いられているのか解明していきたいと思っている．

水族館のスタッフの方が北海道羅臼町沿岸でのUni-HORP の調査に参加してくださることもある．水族館で飼育している動物たちが自然界で

図3.12 名古屋港水族館でのシャチの観察風景(写真提供:神田幸司氏)

はどのように暮らしているのか,じかに目にすることで感じること,学ぶことがあるに違いない.調査で体験したことを飼育や展示に活かすこともできるものと思われる.実際に,名古屋港水族館ではスタッフの方が調査に参加された際に撮影した映像や調査で得た知見をメインプールの大型スクリーンや特別展示などで紹介されている.

フィールドと水族館を繋ぐ

今から20年ほど前,この本の編者である村山司先生と『イルカ・クジラ学 イルカとクジラの謎に挑む』(村山司・中原史生・森恭一編著,東海大学出版会)という本を出させていただいた.そこに私は「野生個体と飼育個体の研究は,車の両輪のようなものであり,お互いに補い合うものである」と書かせていただいた.私がはじめて執筆に関わった本であり,今読むとつたない文章が散見され,ツッコミどころ満載である(決して今は文章がうまくなったということではない).「車の両輪」は両方なければ走らないので,「お互い補い合うもの」ではない.でもい

第3章 フィールドと水族館を繋ぐイルカの行動研究 117

いたいことはわかる．野生下の研究，飼育下の研究，どちらかが大事というわけではなく，どちらも大事という思いは今も変わらない．

これまで私は飼育下（水族館），野生下（海）の両方で研究を行ってきた．環境は大きく異なる部分もあるが，同じ種を研究していると飼育下と野生下の行動に共通する部分，異なる部分が見えてくる．なぜ異なる部分があるのかを考えることも，彼らの行動や生態を理解するうえで必要なことと考える．彼らの生活する場所としてのフィールドと水族館はつながっており，彼らをより理解するためには，野生下，飼育下の研究，どちらも欠かせないと思う．

近年，水族館におけるイルカ飼育を取り巻く環境は厳しさを増している．2015年，世界動物園水族館協会（WAZA）の改善・除名通告問題で，日本動物園水族館協会（JAZA）は改善通告に従い，追い込み漁によるイルカの導入を行わないことを決定したことは記憶に新しい．この頃を境に，国際学会（海棲哺乳類学会 The Society for Marine Mammalogy）でも飼育下のイルカを用いた研究発表は減り，心なしか飼育下のイルカを用いた研究発表は肩身の狭い思いをすることもあった．私はイルカの社会的知性（他個体との関わり合いで発揮される知性）に関わる研究をしていることもあって，発表した論文を読んだ人から「こんなにかしこいイルカを飼育下に閉じ込めてよいのか」といったメッセージをいただくこともあった．

2011年，世界的に有名な科学雑誌 *Science* に "Are dolphins too smart for captivity?"（イルカは飼育するにはかしこすぎるのか？）（Grimm 2011）という記事が掲載された．その中で「飼育下のイルカは本当に不幸なのか？」という問いに対して「不幸とは思えない」という研究者を含む関係者の声を紹介している．もちろん色んな意見があってしかるべきだと思うが，私も単純に不幸とはいえないと思っている．相手が幸せなのかどうかは人間どうしであってもわからないことの方が多い．でも，相手に幸せであって欲しいと願いながら接するのは人間同士であっても人間と動物との間であっても変わらないと思う．先に紹介した環境エンリッチメントは飼育動物の幸福な暮らしを実現しようとして行われているものである．

また，この記事の中でマサチューセッツ大学のリチャード・コナー教授は，イルカを水族館から追い出すことでイルカを理解することが難し

くなってしまうのではないかと述べている．私たち人間はまだイルカの表面的な部分しか理解することができておらず，野生下の研究だけで彼らがわかるのであればすばらしいが，現状では難しいといった趣旨のことを書かれていた．

　この数年，東京海洋大学の三島由夏先生，三重大学の森阪匡通先生と一緒に，新潟市水族館マリンピア日本海との共同研究として実施してきたカマイルカの出産に伴う鳴音の変化，および子の鳴音発達に関する研究などはまさにそういった類の研究だと思う．妊娠から出産，子育てまでを野生下で追跡して観察することは，現時点ではとうてい無理なことである．この研究に着手できたのは，学生時代からの友人でもあるマリンピア日本海の松本輝代さんからカマイルカが妊娠して出産の予定があるから研究しませんかとお誘いいただき，加藤治彦館長（当時）が全面的にご協力くださったおかげである．

　動物園，水族館の役割の一つに「調査・研究」がある（184ページ参照）．数多くの水族館が独自の調査・研究を行ったり，大学などの研究教育機関と共同研究を行ったりしている．水族館にはイルカはいても，飼育に係る仕事量が多くて研究に割ける時間もあまりないものと思われ，研究用の機器を揃えるのも大変な部分がある．一方，（日本の）大学にはイルカはいないが，研究機器と研究のノウハウがある．両者が良好な関係を築くことができれば研究がより進んで行くものと思われる．

　水族館で飼育されているイルカを通してもっともっとイルカの不思議について解明しなければならないという思いに駆られる．幸い，行動の研究は飼育下でも野生下でもできる研究である．今後も，フィールドと水族館を繋ぐ研究，そんな研究がしたいと思っている．

引用文献

Bruck, J. N., Walmsley, S. F., & Janik, V. M. (2022). Cross-modal perception of identity by sound and taste in bottlenose dolphins. *Science Advance,* 8, eabm7684, 1-20.

Deecke, V. B., Barrett-Lennard, L. G., Spong, P., & Ford, J. K. B. (2010). The structure of stereotyped calls reflects kinship and social affiliation in resident killer whales *(Orcinus orca). Naturwissenschaften,* 97, 513-518.

Grimm, D. (2011). Are dolphins too smart for captivity? *Science,* 332, 526-529.

Masataka, N., & Biben, M. (1987). Temporal rules regulating affiliative vocal exchanges of squirrel monkeys. *Behaviour,* 101, 311-319.

中原史生. (2017). イルカ音響タッチパネルの開発と音響および認知研究への活用. 勇魚, 66, 25-29.

Nakahara, F., & Miyazaki, N. (2011). Vocal exchanges of signature whistles in bottlenose dolphins *(Tursiops truncatus)*. *Journal of Ethology,* 29, 309-320.

Nakahara, F., & Takemura, A. (1997). A survey on the behavior of captive odontocetes in Japan. *Aquatic Mammals,* 23, 135-143.

Nakahara, F., Takemura, A., Koido, T., & Hiruda, H. (1997). Target discrimination by an echolocating finless porpoise, *Neophocaena phocaenoides. Marine Mammal Science,* 13, 639-649.

Nakahara, F., Komaba, M., Sato, R., Ikeda, H., Komaba, K., & Kawakubo, A. (2017). Spontaneous prosocial choice by captive bottlenose dolphins, *Tursiops truncatus. Behavioural Processes,* 135, 8-11.

上田恵介, 岡ノ谷一夫, 菊水健史, 坂上貴之, 辻和希, 友永雅己, 中島定彦, 長谷川寿一, 松島俊也編. (2013). 行動生物学辞典. 東京化学同人, 東京.

第 **4** 章

イルカ研究は水族館で

水族館のポテンシャルに頼って四半世紀余

鈴木美和

はじめに

　私はこれまでに多くの水族館にご協力いただき，飼育されているイルカを対象に実験を行ってきた．振り返ってみれば，その期間は学生時代から通算して今年で30年におよぶ．得られた研究成果をもとに論文を書いたり学会で発表したりすることは研究者のルーティーンワークであり，私も何らかの成果を毎年公表するようにできる限り努めている．しかし，水族館との関わりや研究の進め方，苦労話や楽しかったことなどを綴った経験はほぼない．本書の執筆をうっかり引き受けてしまったものの，一介の研究者でしかない私が自分のことを交えて何かを書くのはどうにも気が引けて，筆が進まないまま数か月が過ぎてしまった．

　そうしてぐずぐずしていた一方で，全国の水族館と共同研究をした成果として，日本沿岸のカマイルカの集団構造に関する一つの論文を世に送り出すことができた．私の研究分野は生理学であり，この論文のテーマはだいぶん"畑違い"の領域のものであったが，水族館の飼育員さんからの要請により着手することになった．そして，全国の水族館と優れた共同研究者らの協力のもとに実験を進め，予想以上に美しい結果が得られた．この研究を通して，水族館との共同研究に潜むポテンシャルの高さを再認識するとともに，これまでに私が水族館の方々や共同研究者たちから受けた多くのご厚意やご協力に対する感謝の想いが改めて湧いてきた．そのことを綴るためなら書ける気がして，ようやくパソコンに向き合った．

カマイルカの研究：沖縄での印象的な出会い

　読者の皆さんはカマイルカをご存知だろうか．カマイルカという和名は鎌のように湾曲したその背鰭からきている．学名は *Lagenorhynchus obliquidens* で，意味は「瓶のような嘴」と「傾いた歯」の組み合わせであり，こちらは鎌とは関係ない．彼らは北太平洋に広く生息し，日本沿岸でも太平洋から日本海にかけて，九州以北で広く見られる種である．合せて100頭ほどが日本国内で飼育されている小型の鯨類であり，きびきびと動き，高いパフォーマンス能力を持つため，ショーでもよく見掛ける（図4.1）．

　私が鯨類研究に携わって3年目にあたる1997年に，「すべての飼育イ

図4.1　カマイルカ Lagenorhynchus obliquidens.
背鰭が大きく，鎌のように曲がった形をしている

ルカから頻繁に採血したい」という希望を受け入れてくださった沖縄の海洋博公園にしばらく滞在した．最初の滞在は3週間におよび，その間，飼育業務の手伝いをさせてもらった．業務の合間に，個性的で愉快な飼育員さんたちがそれぞれに，飼育されているイルカたちの特徴や性格などについてたくさんの話を聞かせてくれたため私も徐々に詳しくなり，また，毎日じっくりと観察することができた．

当時，海洋博公園にはミナミバンドウイルカ，バンドウイルカ，オキゴンドウとともに，「モト」と「トッポ」という雌雄のカマイルカが飼育されていた（図4.2）．はじめてモトとトッポを見たときに，同じカマイルカなのに顔つきや体つきが互いにあまりに違っていることに驚き，とても印象に残った．ちなみに，モトは海洋博公園のある本部町をその名の由来とするメス個体で，なんともいえない魅力のある個体であった．子イルカの世話が好きなのか，他のイルカが産んだ子に世話をするように寄り添って泳いで母イルカに怒られたり，自分より遥かに大きなオキゴンドウの子にも寄り添って世話をしたそうに一緒に泳いでいたりした．また，時々飼育員が出したサインと全然違うことをして，他の個体とぶつかりそうになったりしていた．相対的に頭が丸くてあまり野性味を感じないモトの顔つきが，そのトボけた行動と合っているように感じたため，より強く印象に残ったのかもしれない．

その後，鯨類の本を読んだり，水族館の方々と話をしたりしていくうちに，日本沿岸のカマイルカの違いに関する情報に触れた．現場の方々は日本沿岸に顔つきや体つきの違う2タイプのカマイルカがいることを認識しており，その違いが東部太平洋で見つかった形態の異なる「南方系」と「北方系」のカマイルカの違い（Walker et al. 1986）なのではな

第4章　イルカ研究は水族館で　　123

図4.2　海洋博公園のカマイルカ，モト（左）とトッポ（右）
（写真提供：海洋博公園　植田啓一氏）

いか，と漠然と考えられてきたこともわかってきた．しかし，過去の研究では日本沿岸のカマイルカに遺伝的な違いが見出されておらず，その原因が集団の分岐からまだ間もないためではないかと推測されていること（Hayano *et al.* 2004）などもわかった．しかし，私はそれについて研究をするわけでもなく，生理学を中心とした研究に専念していた．

フックとタイミングと決断

　モトとトッポの違いに衝撃を受けてから20年がたった頃，いくどか共同研究をしている新潟市水族館の飼育スタッフである松本輝代さんから，「これからカマイルカの人工繁殖が進められていくことになるが，その前に，日本国内で飼育されているカマイルカが本当にすべて同じ遺伝背景を持っているのかを調べて欲しい」と真剣な面持ちで相談された．私が遺伝子発現解析などの手法を用いて研究をしているため，「遺伝子全般のことを解析できる人」と見込んで相談してくれたのだろうと思うが，私の専門分野は生理学なので畑違いだし，遂行はかなり難しいと考えた．しかし，なんとかできる手立てはないかと周囲に相談してみることにした．このとき，申し入れを断らずに道を模索したのは，お世話になっている水族館側からの要望にはできるだけ応えたいという気持ちと，元来の楽観的な性格とに加えて，沖縄でモトとトッポから受けた強い印象が私を留まらせるフックとなり，好奇心をもたらしたからであったことは間違いない．このように，自分の目や耳で捉え，感じたものが，その後も長く，強く自分に作用することを，研究活動の中で実感できたことは良い経験であった．

さて，カマイルカの集団構造解析をするための方策について，魚類の遺伝学的研究に携わっている私の夫に相談してみたところ，私と同じ学部に集団遺伝学の専門家である森長真一先生（現所属：帝京科学大学）がいるから相談してみるのが良いのではないかとアドバイスをしてくれた．当時，森長先生と私は学内の同じ委員会に招集されていたため互いになんとなく知っており，また，ちょうど森長先生は新しいゲノム解析手法を試してみたいと考えていたところだったそうである．さらに，この少し前に筆者の勤める学部の研究棟にMiSeqという次世代シーケンサが導入された．次世代シーケンサとは，大量の塩基配列（DNA）情報を読むことができる機械であり，集団遺伝学には欠かせないものである．今思えば，このようななんとも絶妙なタイミングで，私は森長先生に「イルカの集団遺伝構造解析に協力をして欲しい」と勢いよく頼み込んだのであった．なお，このような場面で躊躇なく，色々な人々にお願いする私の図々しさは周りからしたら迷惑なものだろうと思うが，自分では持っていて良かったと思う気質でもある．また，学内の委員会などの研究以外の仕事（＝雑用）もやっておいて良かったと思えた数少ない出来事でもあった．

震えながらの研究遂行

　それからほどなくして，森長先生の多大なるご協力のもとに，当時最新の方法で，各個体のゲノムの配列から対象個体をグループ分けするのに使える部分の情報を抽出し，その情報をもとにして集団構造を解析するための実験環境を研究室にセットアップしていった．すなわち，必要な試薬類を買い，解析用のパソコンを揃えて，パソコンでの解析環境を整備した．まず予備実験をしてみたところ解析できる手応えを感じたため，本格的にカマイルカの集団構造解析に踏み切った．

　鯨類研究の最大のネックは，試料の入手が困難なことである．しかし，日本沿岸に生息するカマイルカの集団構造解析は，水族館の協力が得られれば遂行することができると判断した．なぜならば，わが国の水族館ではバンドウイルカに次いでカマイルカが多く飼育されており，かつ，飼育されているカマイルカの多くは日本沿岸の各地で迷入したり捕獲されたりして水族館へ導人された個体であるため，できる限り多くの飼育下の個体を解析すれば，日本沿岸の野生のカマイルカの集団構造がわか

る可能性が高いからである．そして，水族館のご協力を得てやる限りは最善を尽くそうと，すべての飼育個体を解析することを目標に設定した．

新潟市水族館の加藤治彦館長（当時）の全面的なバックアップを得て，最初のステップとして，カマイルカを飼育する水族館のうちの半分ほどの施設に対して，研究への協力をお願いすることとした．加藤館長は，遺伝解析を依頼してきた松本さんが所属する水族館の長という立場もさることながら，私が出会った当初から一貫して基礎研究の大切さやおもしろさを深く理解されており，全国の飼育カマイルカを対象として集団構造解析をすることの意義を認め，後押しする姿勢を明確に打ち出してくださった．また，研究の進め方に関して悩んだときには，三重大学の吉岡基先生にも相談し，その都度適切な助言をいただいた．かくして力強い後押しに支えられながら，まずは10の施設にカマイルカのゲノム試料（血液，垢，皮膚）の提供について依頼をしたところ，いずれの水族館も快諾してくださり，64個体分の貴重な試料が続々と手元に送られてきた．

このような場面で，いつも私は緊張し，怖さを感じる．武者ぶるいとでも言おうか．なぜならば，イルカたちの飼育管理のためには，日頃からとても多くのものが費やされており，それがなければ決して得られない試料を，研究のために水族館から預かった立場にあることの重責を感じるからである．また，多くの人との繋がりや信頼が基底にあって物事が動いていることの重さも，私なりにわかっているからである．

研究室の所属学生たちの手も借りつつ，慎重に全血からゲノム DNA を抽出し，緊張しながら解析していった．その結果，日本沿岸のカマイルカが大きく二つの遺伝集団に分けられることが示唆された．この時点では解析対象となった各個体の外部形態についての情報を持っていなかったが，得られた解析結果を水族館に報告した後に，いくつかの施設から「遺伝集団の区分けと，個体の形態の違いが一致している」というお話しをいただいた．それを聞いたときに，「きた！」と手応えを感じた．

加藤館長の計らいにより，その時点で得られていたデータについて，日本動物園水族館協会の研究会で発表して興味を持ってもらい，未解析だった飼育カマイルカの試料提供を呼び掛ける機会が設けられた．そうして，全国のカマイルカから試料を集めて解析をする段階へと移行した．新たに12の園館から，その時点で飼育されていたカマイルカと数頭の過

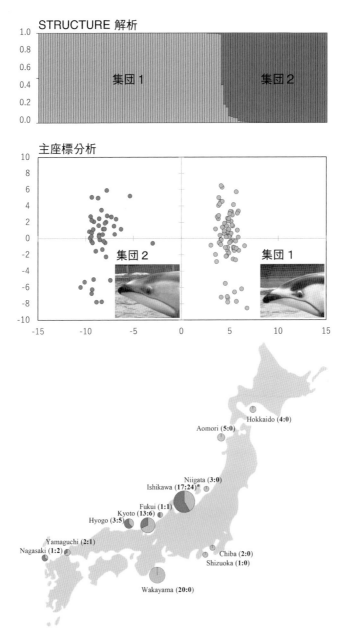

図4.3 日本沿岸カマイルカの集団構造（左図）と分布域（右図）
図中で ▨ で印したものは集団1，▨ で印したものは集団2の情報を示す

第4章　イルカ研究は水族館で

去の飼育個体，さらには周辺で座礁した個体の標本など，合わせて59頭分の試料が届けられた．これらの貴重な試料からゲノム DNA を抽出し，すでに提供していただいていた64個体分の試料と合わせた合計123個体で，前回よりも改良した方法を用いてゲノムの情報を解析していった．

　幸運なことに，この少し前に集団構造解析に詳しい澤山英太郎先生が著者の所属する研究室に着任し，より精度の高いデータ解析を行うことができた．それに加えて，それぞれの遺伝集団から1個体だけを選んで全ゲノム配列を比較解析すれば，それらの集団がいつ分岐したのかを推定できる，というすごい解析手法に通じている岸田拓士先生にご協力を仰ぎ，集団が分岐した年代も調べてみた．ちなみに，当時，岸田先生は静岡県立博物館に勤めていたが，その後なんと著者と同じ学部に着任した．私にとっては朗報であった．

　さて，かくして国内で飼育されているすべてのカマイルカのゲノムを解析して出てきた結果は，（1）日本沿岸のカマイルカは遺伝的な交流の少ない二つの集団に明瞭に分かれる，（2）一方の集団は日本海から太平洋にかけて広く生息するが，他方は長崎から石川にかけての日本海側にしか見られない，（3）二つの集団が分岐したのは11万年から10万年前ごろであると推定される，というとても興味深いものであった（図4.3）．つまり，それまで明らかにされていなかった集団の存在をはっきり示すことができたのである．この結果を四苦八苦しながら論文としてまとめ，せっかく投稿するならば良い雑誌からいってみよう！　とチャレンジするつもりで Molecular Ecology 誌に投稿した．

　投稿から2か月ほど経った頃，学会からの帰り道でバスに揺られながらスマートフォンでメールをチェックしていたときに，査読結果の通知が来ていることに気付いた．厳しいコメントやリジェクト（掲載を拒否されること）を覚悟して，緊張しながら開けてみると，編集者と4名の査読者の全員から高評価のコメントが付き，「指摘に従って直せば受理するつもりです」とまで書かれていて，我が目を疑った．日本沿岸のカマイルカが2集団に分かれることを科学的な裏付けをもって明確に示したことが評価され，とても楽しく読んだという感想までついていた．こんなに好意的な査読結果を受け取ったのは人生初のことであり，驚愕した．同時に，協力してくださった多くの方々が頭に浮かび，喜びが増すとともに，とても安堵したことを覚えている．しかし同時に，畑違いの

分野で書いた論文で人生最良の査読結果をもらうという事態を手放しで喜んでいいのか，と冷静に考えたのも事実である．

　ところが，である．それからすぐに受理されたかというと，まったくそんなことはなかった．論文をまとめたときには，イルカの形態の情報はこれからじっくり調査して，次の論文でその結果を公表しようと考えていたが，複数の査読者から「遺伝情報に基づいた集団分け（遺伝型）と形態（表現型）とが符合しているかどうかという点がどうしても気になるから，解析できるならすべきだ」という指摘を受けた．そのため，論文の修正期間中に間に合うように，急いで解析対象個体の「顔つき」を水族館の方々に判定していただくことになった．それに呼応してくださったすべての協力園館から集まってきた回答は，遺伝型と表現型が一致することを明瞭に示していた．このデータを集計しながら，正しく解析された科学的データが帯びる「美しさ」に心が震えた．

　それから査読責任者との何度ものやり取りを経て，論文は無事に受理され，出版された（Suzuki *et al.* 2023）．まずは一区切りついたので，論文出版の報告とご協力へのお礼を協力園館に伝えた．しかし，科学の常として，一つの成果は次の疑問，次の展開をよぶ．この研究に残された最も重要な課題は，今回わかった二つの遺伝集団の分岐レベルを決定すること，すなわち，別種であるのか亜種であるのかをはっきりさせ，かつ，集団間で何がどう違うのかを明らかにすることであろう．そのためには詳細な形態調査や更なるゲノム解析が不可欠であり，水族館の方々にさらなる協力をお願いし，形態学に詳しい東京大学総合研究博物館の遠藤秀紀先生や長崎大学水産学部の天野雅男先生にもお世話になりながら，上記の命題をクリアにして公表できるように努めている途上である．

興味対象

　ここでカマイルカの話から離れて，普段の私の研究の「興味対象」と「実験の進め方」のことを少し述べたいと思う．

　イルカやクジラは海に適応した変わった哺乳類である．それはすなわち，水の冷たさ，海水の塩辛さ，潜水中の息苦しさや水圧，水中での動きづらさや暗さなどに対処する術をどうにかして身に付け，生き延びてきたことを意味する．進化の過程で，彼らが何をどうすることで海に適応できたのか，その生理学的な工夫をつまびらかにすべく，多くの研究

第4章　イルカ研究は水族館で　129

者がイルカやクジラの体を調べてきた．私もその端くれである．

　「鯨類研究者」と聞くと「アウトドア向きの格好をして，フットワークも軽快にクジラやイルカを追いかけて，海の周辺で調査している人」といったイメージが浮かぶ読者も多いのではないだろうか．しかし，私は出不精ぎみの性格で，強い日差しは苦手であり，日光を長時間あびると皮膚に湿疹が出る．研究時間のほとんどを実験室で過ごすインドア派で，イルカそのものの姿を見る機会はあまりない．分子の名前がたくさん出てくる生理学や生化学の教科書や論文を読み，細胞内の複雑な代謝経路がかかれた細かい図を眺め，血液や組織片，細胞などを主に扱っている．その地味さや細かさのせいか，鯨類の生理学者は世界的に見ても少ない．海棲哺乳類関連の学会に行くと，生態や音響に関わる発表の数に比べて生理学関連の題数が極端に少なくて，寂しくなる．しかし，私はからだを調節する仕組みを眺めることが好きで，複雑で知らないことやわからないことが多すぎるなあと思いながらもずっと続けている．

　私の研究対象動物は主に小型鯨類（イルカ）である．学生時代は彼らの生理学的ストレス応答に興味を持って研究していた．大学教員になってからは，鯨類の恒常性維持（体内環境を生存に適した安定した状態に保つこと）の機構全般へと興味が広がった．現在では，代謝，浸透圧調節，ストレス応答など，多岐にわたる現象を扱っており，多様な分子の役割について調べている．研究の内容については後でもう少し詳しく述べる．冒頭で述べた通り，現在（2024年時点）までに通算30年間も研究に携わってきたが，ボンクラなためか，私はいまだに彼らの体を正しく理解できた気がしていない．しかし，それゆえにイルカをしつこく調べている気もする．

　私が研究をはじめる動機は，たいていの場合は「好奇心」だ．たまに，それに飼育現場からの要請や「社会的意義」などが加わる．好奇心は，これまでに取ったデータ，周りにいる学生や共同研究者，水族館のスタッフなどから発せられる疑問や興味，教科書や論文を読んで湧いてきた問い，などが入り混じって醸成される．また，新しく，おもしろそうな解析技術を知ったりすると，軽率にも一度は試してみたいなと思ったりする．さらに，自分の中からではなく，外からくる好奇心もある．生物の形や機能，行動などから着想を得て，それを活用してヒトの役に立つ新しい知識や技術を生み出す「バイオミメティクス」的な関心からなの

か，鯨類のように特殊な進化を遂げた動物は異分野，特に医学系の研究者などから興味を持たれることが多く，講演や共同研究などのお誘いが来たりする．医学系の先生たちとのディスカッションの場では，ヒトや齧歯類などから得られた重厚な基礎知見に裏打ちされた鋭い質問やアイデアが飛び交い，私はそのるつぼの中で，足りない頭を使って，必死でそれらの事項をイルカに当てはめながら考えていく．このような感じで，頭の中では色々なものが渾然一体となって巡ったり溜まったりしており，それらをパズルのピースのように組み合わせ，つらつらと空想している．

そうしているうちに，混沌の中から仮説が浮かび上がってくるときがある．そうなるとエンジンがかかる．共同研究をしている先生たちからの指摘やプレッシャーで無理矢理エンジンをかけるときもある．いずれの場合でも，仮説を検証するために具体的に実験を組み立て，学生や共同研究者と一緒にデータを取りはじめる．

実験をした結果，当たることもあるが，仮説が否定されたり，大幅改訂されたりすることも結構ある．そんなときはまた振り出しに戻り，混沌の中に沈んで行く．仮説が当たっているともちろんうれしい．しかしやっかいなことに，私は自分のアイデアが否定されても好奇心を刺激されてしまう．見えることよりも見えていないことに惹かれがちなのだ．実験をしていて，まったく知られていない，もしかしたら誰の興味もひかずに打ち捨てられたのかもしれない奇妙なデータに出くわすと，それに囚われ，深追いしてしまう．切れ味の鋭くない研究者がこんなやり方をしているので，たいていの場合，私の研究には時間がかかる．そして，しつこく追っていると何かしらわかってきたりするから，困ったことに止められない．

それにしても，こうして文字に起こしてみると，大学に勤める研究者というものはなんと恵まれた職業なのだろう，としみじみ思うのである．

試料を入手するためには

ともあれ，生理学的な研究をするときには，イルカからできるだけ鮮度の良い試料を得ることが肝腎である．測定や解析をする項目によって必要な試料は異なる．それは血液であったり，臓器であったり，排泄物であったり，少しの皮膚片だったりする．私のように大学に所属している研究者のほとんどは，イルカを海から捕まえてきたり，飼育し，調教

したりするための技術も施設も持たない．したがって，研究をするためには，試料を採取できる状況を作るべく手配する必要がある．

私の場合，健康な個体の臓器を用いて研究をする必要があるときには，各方面の許可を得て，和歌山県太地町で操業されている追い込み漁の現場で解体されるイルカから新鮮な組織を採取する．様々な考え方があることは承知しているが，私はイルカ漁をしている国で鯨類の生理学研究をしている自分の立場を恵まれたものであると認識し，研究に役立てている．また，生理学分野で不可欠な「分子の機能解析」をするときには，イルカ由来の培養細胞などを利用する．細胞培養に関しては，同じ学部に勤める獣医学科の伊藤琢也先生の協力のもとに実験を進めている．そして，血液や糞便，皮膚片などが必要なときには，水族館で飼育されているイルカから試料を採取することが多く，これまでに幾度となく，飼育個体を実験に利用させていただいてきた．

日本に住む多くの人々にとって海は身近な環境である．海産物もよく食べるし，海洋生物への関心も自然と養われるためか，水族館は人気のスポットであり，その数も多い．規模の大小や経営形態は様々だが，ほとんどの都道府県に水族館があり，合計すると120施設を超える．そのうち40ほどの施設でイルカが飼育されており，その種類はバラエティーに富む．

飼育されている鯨類のほとんどは日本の近海に生息している種である．日本列島は生産性の高い海にぐるりと囲まれており，多様な海棲哺乳類が生息している．その多様さは，国立科学博物館が運営している日本沿岸で座礁した鯨類を記録した「海棲哺乳類ストランディングデータベース」に記録されている種や数の豊富さを見れば多少なりとも実感できる．これらの状況は，とりも直さず，我が国では海棲哺乳類にアクセスする機会やルートに恵まれていることを意味する．

また，水族館には国外から運ばれてきた珍しい動物も飼育されている．2012〜13年にかけて，私はカリフォルニア大学マーセド校に研究留学をして，野生のキタゾウアザラシにおける絶食中の血糖維持機構を研究した．そのときの受け入れ教員はRudy M. Ortiz博士という比較生理学者である．彼は研究のため毎年のように来日し，頻繁に私を訪ねてくれる．今から数年前，彼とその家族を連れて箱根にある水族館の案内をしていたときのことである．水槽に泳ぐバイカルアザラシを見た途端に，

Rudy が興奮気味に「ミワ，バイカルアザラシが何頭も飼育されている！珍しい！ 淡水性のアザラシの生理機構を，海棲のものと比較できるじゃないか！ 水族館のマネージャーに相談して，研究させてもらうように今すぐに交渉するべきだよ！」と，真顔で言いはじめた．バイカルアザラシは，世界の中でも最も古くに誕生し，最も深い水深を持つロシアのバイカル湖の生態系の頂点にいるアザラシであり，純粋な淡水性である唯一の鰭脚類である．Rudy の提案はまだ私の心の中に留めている状態にあるが，ともあれ，彼はとうの昔から，様々な海棲哺乳類を飼育している日本の水族館が持つ「研究の場としてのポテンシャル」に気付いており，よく「日本の水族館で研究したい」と言っていた．

　世の中を見回せば，昨今，水族館で動物を飼育することの是非が問われることが増えてきた．私自身は，野生生物が自然の中に息づいている場面に出くわすとこのうえなく心が躍るし，彼らの本領が自然の中でこそ発揮されることも承知している．そして自然を切り取ってきたように生物を見せてくれる水族館や動物園に行けば，生き物の色や形，大きさ，質感を知り，行動や表情を見ることができるので，プライベートでも時々出向いて動物との対面を楽しんでいる．同時に，研究者としての自分にとって，水族館は野生動物の貴重な研究試料を確保できる重要な場である．それゆえに，私にとって水族館は，仕事を遂行するために欠かせない「取引先」のような相手でもあり，楽しいばかりの場所ではない．私は，いくら飼育現場の方々と親しくなったとしても，研究者は部外者であることを忘れないようにしている．飼育員さんや動物たちは，水族館の大切な資産であることをいつも念頭におきながら，共同で研究することについて相談し，交渉する．こういう心構えの基本の部分は，三重大学の吉岡基先生から教えていただいた．また，学生時代の指導教官である會田勝美先生が私に自由に研究させてくださったおかげで，水族館に飛び込んでいき，自分で考えたことに向かって進むことができた．そして水族館でイルカを相手に実験をする場面では，緊張もあるけれど，興味深く，かけがえなく，そしてやはり楽しい時間を過ごす．

研究の計画と遂行

　実験を計画し，水族館に依頼をするときに，私なりに心掛けていることがある．研究者として，データの信頼性を確保するために必要だと判

断したことは，たとえそれが飼育員さんや動物たちに負荷をかけることであっても，その必要性について誠意を持って説明し，妥協せずに依頼することである．

　当然ながら，無理なことは無理と断られるが，中途半端に実験をして信頼性の低いデータを得るくらいならば，大切な飼育動物と飼育員さんたちの労力を使ってまで実験をしない方がよいと考えている．なぜならば，研究者ができること，なすべきことは，科学的な見地に立ち，データを取って解析し，その成果を科学的知見としてまとめ，最終的には論文や学会発表などの形で世間に提示して記録を残すことであり，そのためには，公表するに値する，信頼性のあるデータを得ることが最重要だと考えているからである．

　これに関連してすぐに思い出される実験がある．それは海洋博公園において，イルカを輸送するときのために，動物の身体にかかる負担が少ないマットレスを選定するという目的で行った実験である．イルカの体圧をよく分散し，心肺機能になるべく負荷をかけないものを選ぶため，何種類ものマットレスを用意して組み合わせ，そこにイルカを置いて体圧の分散を計測した．同時に，10分ごとに呼気中の酸素と二酸化炭素の分圧や心拍数を測定し，さらに，0分，30分，60分の時点で採血をしてストレスホルモンを測定することを計画した．これだけでも結構大変な作業であるが，これに加えて，体圧分散以外の生理的なデータの動態を正しく評価するために，プールで普段通りに過ごしているイルカから，同じスケジュールで上記の項目を測定する対照区を設けたい，と私は主張した．そして，部下想いで頼もしい飼育リーダーとの間で意見が対立した．

　対照区を設定すれば実験の手間が倍になり，現場にかかる負担はさらに増える．飼育リーダーとして，現場やイルカへの負担を最小限に抑えるべく配慮するのは当然のことであり，イルカをマットレスにのせる直前に各項目を測定すれば，それを対照区と見なせるのではないかと主張した．それに対して私は，個体を実験条件下に置いている間の時間経過や繰り返し行う採血などの影響を排除してデータを解釈するために対照区を設けたい，と言い張った．このとき，私は対照区を設けないならば実験をやらない覚悟であった．幾度かの話し合いを経て，最終的には飼育リーダーが対照区の必要性を認めてくれて，実験が遂行された (図4.4).

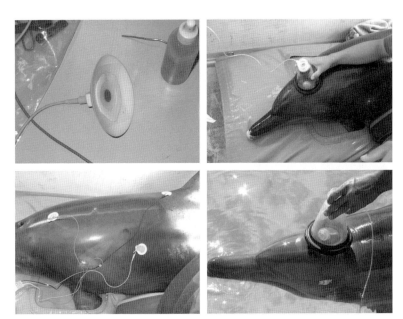

図4.4 体圧分散の良いマットレスを選定する実験の風景
左上：飼育リーダー手製の改良電極．左下：心電図測定中のイルカ
右：呼気中ガスの測定（上：マットの上，下：水に浮いた状態）

　水中でイルカの心拍を測るための吸盤付き電極は，飼育リーダーが自らの手で改良・作製してくれた（図4.4）．これがかなりの優れもので，首尾よく水中での心電図まで取ることができた．私はとてもうれしく，ありがたく思った．ちなみに，イルカの体圧をよく分散し，心肺への負担を最も軽減できたのは，株式会社ブリヂストンから提供された，高性能な，硬く弾性のある高反発マットレス（8 cm厚）の上に，低反発のマットレス（5 cm厚）を重ねたときであった（Suzuki *et al.* 2008）．ちなみに，おもしろいことに，飼育現場で昔からよく使われているマットレスを2枚重ねたものもかなり良い体圧分散を示すこともわかった．この結果を見たときに，私は経験的に現場で長く使われてきたものにはそれなりの理由があるものだ，と妙に納得した．

　この実験の成果は，テクニカルレポートとして Zoo Biology 誌に掲載された．論文を書くにあたり，特に体圧に関する記述では，それまで馴染みのなかった分野の概念や専門用語を扱わなくてはならず，骨が折れ

る作業ではあったが，なぜかまったく苦にならず，終始楽しみながら原稿を書いていた記憶がある．それはきっと，互いの様々な想いを重ねて得られた成果を世に送り出すことができることが何よりうれしかったからだと思う．インパクトが高い雑誌ではないが，飼育リーダーと共著で出したこの論文は，私にとって思い入れのある一報となった．

　このような葛藤や話し合いを経て遂行された研究を含め，私が公表してきた論文の多くは水族館との共同研究の成果である．水族館での実験は，現場で動物を適切に扱う技術と知識，そして体力を合わせ持つ飼育員さんたち，動物の健康への影響を最小限に抑えながら適切に試料を採取する獣医さんたち，そして研究に理解を示し，実験の許可を与えてくれる飼育グループの長や館長さんたちがいなければ遂行できない．これまでに，研究者として我の強い私の考えや要求を理解し，受け入れ，実験に協力してくださった水族館の方々には感謝しきれない．特に，海洋博公園をはじめ，鴨川シーワールド，新潟市水族館，南知多ビーチランド，須磨海浜水族園，太地町立くじらの博物館，市立しものせき水族館，アドベンチャーワールドには，飼育員さんたちにもイルカたちにも負担の大きな実験をしていただいた．

　イルカで生理学的な実験を行うことは簡単なことではない．採血ひとつとっても，飼育員が採血のサインを出したら動物がそれに応じて自ら尾鰭を出すようにトレーニングしたり，採血中に動物が暴れないように，対象個体のみならず周囲の個体などの状況もしっかりと見ながら適切に動物を扱ったり，採血後に動物が飼育員に寄りつかなくなってしまわないように，処置の影響を最低限に抑えながら実施したりしなくてはならない．また，注射痕からの感染リスクを抑えるため，一度で血管にあて，すばやく採血できるように技術を高めるとともに，適切に止血をし，抗生剤を塗布するなど，細心の注意を払いながら作業する．

　30年前，学部4年になったばかりの私が最初に行った実験は，鴨川シーワールドのシャチからの朝晩の採血であった．今考えるとなんとも贅沢な研究人生の幕開けであった．飼育員がサインを出すとシャチが体勢を整えて，その大きな尾鰭を水面に出して差し出す．それをプールサイドに座った飼育員が膝に抱え，勝俣悦子獣医がシャチに声がけをしながらさっと手際良く採血する．この一連の流れを最初に見たときには，動物を扱う技術の高さに感動した．この時には1か月間現地に滞在して，

136

飼育業務の補助をしながら実験をさせてもらった．シャチチームの方々に毎日お世話になりながら，大食漢のシャチへの給餌量の多さや日々のトレーニング，大きいプールの掃除，観客への配慮など，現場の大変さを間近で見て，一部を体験することができた．当時館長をされていた故・鳥羽山照夫氏は日本にイルカのトレーニング技術を導入し，今の鯨類飼育の基礎を作り上げた偉大な先駆者であるが，研究にも深い理解を示しておられ，シャチで実験をすることをご快諾くださった．実験成果を報告した際には，「研究を頑張っているね．どんどん実験できるように後押しする．」と言っていただき，恐縮しながらも本当にうれしかったことを覚えている．人々との出会いという意味でも，はじまりから恵まれていたのだと改めて思う．

　また，海洋博公園では本当に色々な実験をしていただいた．たとえば，4頭のミナミハンドウイルカから3時間おきに24時間連続で採血をしたり，マダライルカを深さ10mの大水槽のプールの底に連れていき，水底でしばらく待機した後にその場で採血し，さらに，潜水から浮上して1回だけ呼吸した直後のタイミングを逃さずに採血したりするなど，シビアでハードな実験をいくつも実現してもらった．採血をしてくれたのは植田啓一獣医である．メディアに出たり，講演したりすることが多い植田獣医をご存知の読者もいるだろう．豪快に見える普段の立居振る舞いからは想像できないが，彼は隅々に注意を払って，デリケートに採血をする．その技術に加えて，普通に考えたら無理と思えることも簡単には諦めず，「研究者から売られた喧嘩は，相手が期待する以上のものを持って返す」（本人談）という，研究者にとってはこのうえなくありがたい矜持の持ち主である．それゆえになおさらのこと，困難を伴う実験については，まずは植田さんに実施できるかどうかを相談してみる，という思考回路が私の中でできあがってしまった．それにともなって飼育員さんたちに大きな負担がかかることを申し訳ないと思いながらも，イルカを扱う技能に秀でたスペシャリスト集団にその後もいくつかの困難な実験タスクをクリアしていただいている．

　また，海洋博公園で研究をするにあたっては，内田詮三館長（当時）も懐深くバックアップをしてくださった．修士2年の終わり頃，鴨川で行われたシンポジウムで鯨類のストレスホルモンについての成果を発表した際に，内田館長に「良い発表でしたね」と直接声をかけてもらった．

これに勇気づけられて，図々しくも直ちに「海洋博公園では珍しい鯨類を飼われているので，それらの動物のストレスホルモンを測るために採血させてください」としたためた直訴状のような手紙を内田館長に送り，承諾をいただいた．これが冒頭で述べたカマイルカのモトとトッポとの出逢いに繋がるのであるが，海洋博公園でも滞在しながらの採血実験となり，飼育員の方々に大変お世話になった．内田館長のご自宅にもお邪魔したり，イルカ飼育黎明期からの色々な苦労話や笑い話を聞かせていただいたりして，かけがえのない時を過ごした．鴨川シーワールドでの実験の時もそうであったが，私の場合は現場に一人で飛び込んでいったことで周囲の方々との距離が縮まり，より多くのものが得られた気がするし，それが確実に今に繋がっている．

　また最近，三重大学と水族館との共同研究として，イルカの皮下脂肪組織がどんな物質を産生して，どのような生理学的役割を果たしているのかを明らかにするため，イルカ用に開発した特殊な器具を使って，水族館で飼育されている個体の皮膚を採取するという実験に携わった．季節ごとに，複数頭のイルカの体側から直径3mm，深さ30mm の試料を採る計画であったため，イルカの健康に何らかの負の影響を与えてしまうことが心配されたが，太地町立くじらの博物館，市立しものせき水族館海響館，アドベンチャーワールドの方々が大過なく，すべての試料を採ってくださった．コロナ禍で人流制限をしている状況でも，研究が滞りなく進むようにと実験を実施してくださり，もう「ありがたい」以外の言葉が見つからない．

　こうして私はずっと，水族館のもつポテンシャルに頼りながら研究を続けている．

解析し，まとめ，公表する

　水族館の方々にイルカを使って実験していただいたら，そこから先は研究者が頑張る番だ．信頼できる科学的データを出し，それを検証し，結果をまとめ，世に公表することに真摯につとめるのみである．

　研究者には，正確に解析する技術力，出てきたデータを解釈するセンス，関連分野の知識に対する執着力，投稿論文としてまとめ上げる粘力や忍耐力，などが基本的な力として要求される．どの力もバランスよく備えていることがベターなのかもしれないが，研究者によってそれぞれ

の力に強弱がある．また，実験をするにあたり，研究を組み立てるデザイン力が何よりも重要である．自分のことほどよくわからないが，私は残念ながら研究デザイン力はあまり高くなく，実験をすることと，データを解釈して論文を書くことが好きである．また，人の書いた論文を読むのはさほど好きではないが，必要に迫られて読む．そうすると，驚くほどスマートなことが書かれていたり，とてもおもしろかったりして感動することがあり，やはり論文を読むことは大事だと痛感したりする．

　ともあれ，私も四苦八苦しながら研究してきて，これまでに水族館で実施していただいた実験をいくつかの論文として公表することができた．ここで，ざっくりとテーマごとに分けて，かいつまんでそれらの内容を紹介する．少し難しい内容もあるが，ご容赦願いたい．

イルカのストレスを測る

　学部4年生になって研究をはじめた頃，私はイルカのストレス応答に興味を持っていた．最初に取り組んだことは，「イルカのストレスを数値として捉えて評価する」ことであった．ヒトを含めた色々な動物において，個体がそのときに受けているストレスの度合いを知りたいときには，血中にコルチゾールという物質がどれくらいの濃度で含まれているかを測ることが多い．コルチゾールは，腎臓の上にのっている「副腎」という小さい器官で作られる．必要に応じて血中に放出されて，全身の細胞に様々な作用をおよぼす，生命維持にかかせないホルモンである．動物がストレスを受けると副腎から分泌されるため，血中濃度が高くなる．

　私が学生だった頃，鯨類においては，コルチゾールに関して基本的なこともあまりわかっておらず，血中コルチゾール濃度をストレス指標として使うための土台がまだ整っていなかった．そのため，自分で土台を整えることからはじめなければならなかった．

　まずやったことは，イルカやクジラの平均的なコルチゾール濃度がどれくらいの範囲に収まるのかを把握することであった．採血に慣れた複数種の飼育鯨類を対象として，健康な個体から朝の摂餌前に時間を統一して採血をしてもらい，濃度を測定した．その結果，鯨類におけるその濃度はヒトの平均濃度よりも総じて低いことがわかった．それと合わせて，平均血中コルチゾール濃度と体のサイズが種間できれいな負の相関

第4章　イルカ研究は水族館で　　**139**

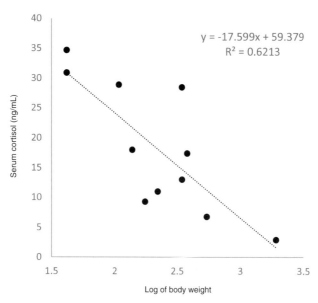

図4.5　体重と血中コルチゾール濃度の相関関係

を示すことも発見した（図4.5）．

　続いて，血中濃度が日周リズムや年周リズムを刻むかどうかを調べてみた．鴨川シーワールドで1年間にわたって毎月2回，シャチから朝と夕方に採血してもらったり，海洋博公園でミナミバンドウイルカから24時間連続で3時間おきに採血してもらったりした．その結果，昼行性動物と同じように，血中コルチゾール濃度が早朝に高く，夕方に低くなるという日周リズムを刻むことや，夏に低く冬に高くなる傾向があることなどがわかった（Suzuki *et al.* 1998, Suzuki *et al.* 2003）．これらの実験によって，健康個体の血中コルチゾール濃度がどの程度の範囲に収まるのか，1日，1年の単位でどう変動するのかという基本的なことを把握できた．この情報をもとにして，コルチゾール濃度からストレスの程度を判断するためには採血時刻などに気を付けながら採血しなくてはいけないと再確認できたし，様々な場面で個体にストレスがかかっているかどうかの判断もより正しくできるようになった．

　そして色々な状況に置かれたイルカから採取された血液中のコルチゾール濃度を測ってきた結果，イルカの個体どうしの関係性や輸送，見知

らぬ環境への導入，疾病などが，飼育下でイルカにストレスをかける要因となることがわかってきた（鈴木2006, Suzuki *et al.* 2008）．一方で，日常的に行われているショーの訓練が個体にストレスをかけないことを示すデータも得られている．

コルチゾールに関連する未解決の課題として，これから明らかにしたいことがある．それは，図4.5に示したように「体サイズが小さいものほど血中濃度が高い」のがなぜか，という疑問の答えである．私はこの疑問に強い興味を持ちつつ放置していたのであるが，最近，この謎を解けるかもしれない仮説を思いついた．当たっているか外れているかはわからないが，四半世紀におよぶ長い潜伏期間の後に浮上してきたこの課題に挑むべく，研究をはじめたところである．

代謝へのアプローチ

欲深い私は，鯨類が代謝をどうアレンジして海洋適応をとげたのかということにも興味がある．代謝とは，「生体内で起きる，あらゆる物質の化学的変化とエネルギー変換のこと」を指す言葉であり，そこには膨大な事象が含まれている．

熱もエネルギーの一種である．動物が体温を保持するためには，物質を変換すること，つまり代謝によって，熱エネルギーを得なくてはいけない．私たちが水に浸かり続けると，体温が奪われて衰弱していくが，水中にいる鯨類はそのようなことはない．彼らが体温をどのように保持しているのかについて，これまでに多くの研究がされてきたが，寒い時期に彼らが熱産生を高めるのか否かについては一致した見解は得られていなかった．そこで，温帯域（和歌山県）にある太地町立くじらの博物館と，亜熱帯域（沖縄）にある海洋博公園のバンドウイルカを対象として，2年間をかけて採取された血液を使って，代謝を促進する働きを持つ甲状腺ホルモンの血中濃度の季節変化を調べてみた．これらの水族館ではイルカが屋外の水温の調節されていないプールで飼われているため，季節による影響を調べるのに適していると考えて実験をさせていただいた．

その結果，いずれの水族館においても秋と冬には甲状腺ホルモンの血中濃度が低下することが分かった．そして，その変化は太地町立くじらの博物館の方が顕著であった．甲状腺ホルモンは細胞の代謝を活性化させて全身のエネルギー産生を増加させ，また，脂肪分解を促進する作用

第4章　イルカ研究は水族館で　141

をもっている．つまり，甲状腺ホルモン濃度が下がれば，代謝が停滞して，脂肪が蓄積される．イルカにおいて，寒い時期にその血中濃度が低下するということは，代謝が下がり，皮下に脂肪をためて断熱性を上げるという生理反応が起きていることを意味しており，これによって寒さに対抗していると考えられた．そして，その変化は沖縄と比較して寒くなる和歌山県で大きいことがわかった（Suzuki *et al.* 2018）.

しかし，代謝は色々な仕組みで調節されている複雑な生命現象である．甲状腺ホルモンのみならず，交感神経や副腎髄質から放出されるアドレナリンやノルアドレナリンなどの物質も代謝を活性化する．海洋博公園のミナミバンドウイルカから季節ごとに採血し，広島大学の豊後貴嗣先生のご協力のもとに血中のカテコールアミン濃度を分析したところ，寒い時期になるとアドレナリンやノルアドレナリンの血中濃度が上昇するというデータが得られた（Suzuki & Nozawa *et al.* 2012）．これらのカテコールアミンは脂肪分解を促進する作用があるため，上記の甲状腺ホルモンの動きから考えられることと矛盾している．もしかしたら，甲状腺ホルモンと拮抗的に働いて熱エネルギーのバランスを保っているのかもしれない．アドレナリンやノルアドレナリンは末梢血管を収縮させる働きも持つため，イルカが寒い時期に鰭などの熱を奪われやすい部位の血管を収縮させて血流を少なくして，体温を逃さないようにすることに役立っているのかもしれないとも考えられるが，正解はまだわからない．

オミックス技術を使ってみる

上記の研究を含め，学生時代からやってきた内分泌学的な研究を通して痛感したことは，ターゲット分子を絞って血中濃度の変動などを解析しても，体の生理的反応の一面しかみることができない，という当たり前のことであった．そうなると，イルカの体の中で起きていることを，もっと広い範囲で一度に捉えたいという欲がでてくる．いわゆる "オミックス" 解析の考え方である．

オミックス（omics；オミクス，オーミクスとも言う）とは，ギリシャ語の「すべて，完全」という意味の -ome と「学問」の意味の -ics を合わせた言葉である．そして，研究や解析の対象物質に -omics を繋げて研究分野が表現される．すなわち，試料の中に含まれるタンパク質，脂質，低分子代謝物質，RNA，ゲノムなどの物質群について，一度に

網羅的に，すなわち膨大な数の分子を，高精度に解析して研究する学問を，それぞれプロテオミクス（タンパク質 = protein + omics），リピドミクス（脂肪 = lipid + omics），メタボロミクス（低分子代謝物質 = metabolite + omics），トランスクリプトミクス（転写産物 = transcript + omics），ゲノミクス（ゲノム = genome + omics）とよぶ．これらは現代の生理学にはもはや欠かせない技術といってよい．私はいずれもかじったことがあるが，最初に公表したのはメタボロミクス解析を使って得られたデータであった．

　細胞や組織で起きている代謝の状態をより正しく捉えるためには，実際に代謝が行われている場である細胞／組織をとって，直接メタボロミクス解析にかけるのがいちばん良い．しかし，マウスやラットなどに代表される実験用動物とは違って，生きたイルカの体内から細胞や組織をとってくることはそうそうできることではない．そこで，組織よりは採取しやすいイルカの血液を使ってメタボロミクス解析をしたら，彼らの代謝の特徴をどこまで捉えられるのだろうかと思い，名古屋港水族館のバンドウイルカ3頭から血漿を採取してもらい，解析してみた．何かの特徴を捉えるということは，別のものと比較して相違点と類似点を見極めることでもある．そこで，陸上の肉食哺乳類であるイヌと比較することにした．

　どちらの動物も同じ時刻に採血し，給餌の時間も揃えて，血液の処理の方法もすべて統一して血漿試料を得た．オミックス解析では，採取した試料をできるだけ早く超低温で保存することが肝心であるため，液体窒素を容器に入れて名古屋港水族館まで自ら車で運び，得られた試料を直ちに凍らせた．イヌの試料は外部機関に依頼して採取，処理してもらい，無事に試料を得ることができた．

　メタボロミクス解析と一言でいっても，水に溶ける水溶性物質と，油に溶けやすい脂溶性の物質は一緒には分析できないため別々に分析しなくてはならない．このときは欲張って水溶性と脂溶性の両方の物質を解析するように企業に外注したために，1試料につき社会人の平均初任給よりも高い分析費用がかかってしまった．この研究は三重大学の鯨類研究センターとの共同研究であったため，ありがたいことに資金を出してもらえて解析することができた．

　解析の結果，たった3頭ずつしか解析していないにもかかわらず，低

分子代謝物質の内容がイルカとイヌとで明瞭に違っていることを示すデータが得られた．簡単にいえば，イヌと比べてイルカの血中には，筋肉やタンパク質，脂肪の代謝に関わる物質の量や種類が相対的に多く含まれている一方で，糖代謝に関わる物質がかなり少ないことがわかった．データを詳細に見ていくと，イルカが糖ではなくタンパク質や脂質をエネルギー源として使って代謝をしていることや，陸上哺乳類とは違う複雑な脂肪の代謝経路を持っていること，一晩絶食しただけで筋肉や脂肪組織からタンパク質や脂質が盛んに動員されるらしいこと，などが見えてきた（Suzuki & Yoshioka *et al.* 2018）.

　しかし，本来，メタボロミクス解析では1000以上の低分子物質を検出することが可能なのだが，イルカでもイヌでも，血漿からは約250種類の物質しか検出されなかった．それは，血液の中には細胞から排出されたり漏れていったりしたものしか流れていないため，細胞内にある低分子物質のうち多くが検出されないからであり，血液をメタボロミクス解析にかけても，体内の代謝の様子を捉えるには解像度がさほど良くないことがわかる．可能ならば，やはり組織を少量採取して解析してみたい，ということで前に述べた通り，三重大学と三つの水族館との共同研究として，動物にかける負担が比較的少ない状態で採取できる皮膚組織を採ってもらって研究するというステップへ踏み出したところである．そのデータの解析は今も続いており，いずれどこかでお話しする機会に恵まれたらいいなと思っている

イルカを潜らせ，血液を解析する

　話があちこちに飛ぶが，海棲哺乳類の大きな特徴は潜水することである．動物種によって潜水能力は様々であるが，1時間以上，水深1000m以上まで潜ることができる種もいる．彼らの驚異的な潜水能力を支える生理機構についても古くから研究されてきた．潜水中のイルカ体内での生理学的反応を研究することはかなり難しく，私は水族館のイルカだけを使ったごく限られた数の実験しかしていない．しかし，海洋博公園の方々にとてもお世話になって得た成果を簡単に紹介したい，

　一つ目は，潜水中の血管の制御についての実験である．海棲哺乳類が潜水すると血液の流れが変わることが知られている．すなわち，脳と心臓の血流は確保されるが，それ以外の器官や組織に向かう血管は強く収

縮する．これは，末梢組織での酸素利用を制限して酸素を節約するための反応である．この潜水中の血管収縮を引き起こす仕組みを明らかにするため，ミナミバンドウイルカを1分半および3分間潜水させて，潜水の前と，浮上してイルカが1回だけ息継ぎをした直後に採血をしてもらった．

この実験を成功させるため，当時，海洋博公園にいた古賀壮太郎飼育員（現・鴨川シーワールド）が尽力してくれた．古賀さんはスキューバのボンベを背負い，イルカに合図を出して底まで一緒に潜っていき，底で数分間待機させ，浮上したらすぐに採血する，という一連の動作をイルカたちに覚えさせるトレーニングをしてくれた．他の飼育員さんいわく，古賀さんはイルカたちが潜る気になったタイミングを見極めることに秀でているとのことであるが，確かに見事にトレーニングを完成させた．古賀さんが合図を出すと，イルカたちはスッとプールの底に潜り，時間がくるまでじっとしていて，浮上した直後に採血されることを理解しているかのように，水表面に行くと，呼吸してすぐに自発的に，スムーズに尾鰭を差し出してくれるまでになった．そのおかげで，無事に実験を完遂できた．実験がすべて終わったときには歓声があがった．自分で依頼しておきながら，固唾を飲んで見守っていた私には，潜りはじめてから採血までの一連の流れがミラクルのように思われた．ミラクルは，古賀さんをはじめとする飼育員さんたちが払った相当の努力と時間，動物を扱う確かな技術，イルカの根性，研究への理解と厚意で支えられていた．

そうして採取できた貴重な試料を大学に持ち帰り，いくつかの血管収縮作用を持つ物質の血中濃度を測定したところ，ノルアドレナリンという物質の濃度だけが潜水によって有意に増加したことがわかった．このことから，ノルアドレナリンが潜水中の血管収縮に寄与している可能性が高いと推測した（Suzuki *et al.* 2017）．

これに続いて，先ほど少し触れたとおり，植田獣医の手によって，黒潮大水槽にマダライルカを潜水させ，潜水前，潜水中，浮上後の最初の呼吸直後，というタイミングで血液を採取するという超ミラクルな実験も実現してもらった．潜水を支える仕組みのヒントを得るため，採取した血液を使って，潜水に伴って変化する血中のタンパク質を探してみることにした．そのときは，お金のかかるプロテオミクス解析はできなか

ったので，研究室にある装置を使って血中のタンパク質を網羅的に解析できる二次元電気泳動という方法を使って，学生たちが頑張って分析した．その結果，浮上して呼吸した後にだけ，なぜか血清アルブミンが分解される，という奇妙な現象が見られた．

アルブミンは血液中に最も多く含まれているタンパク質であり，水を保持して浸透圧を維持する作用や，物質を結合して運搬する働きを持つ．また，あまり知られていないが，抗酸化作用も持っており，細胞に悪さをする活性酸素に結合してその酸化力を減じることができる．ともあれ，イルカが潜水しただけで血液中のアルブミンが分解されてしまうのはなぜなのかがとても気になり，イルカのアルブミンの分子としての特徴を調べてみた．

するとおもしろいことがわかってきた．まず，鯨類のアルブミンが多くの陸上哺乳類のものとは異なる特徴的な配列をしていることが明らかになった．少し難しいかもしれないが，説明していくので付いてきて欲しい．アルブミンの配列の中でも，抗酸化作用の要となっている部分がある．それは前から数えて34番目のアミノ酸であるシステイン残基であり，ここで活性酸素を捉える．しかし，鯨類では，なぜかこの残基が軒並みセリン残基に置き代わっているのである．ちなみに，ゾウやカバ，鰭脚類やマナティーなどでもこの置換が見られるので，水生適応となにか関連があるのかもしれない．

ヒトのアルブミンを使った実験で，抗酸化力の要であるこのシステイン残基がセリンに置き換わると抗酸化力が弱くなるというデータが，崇城大学の安楽誠先生によって報告されていた．それをもとに考えれば，鯨類のアルブミンの抗酸化力は弱いと予想された．お会いしたことがなかったが，思い切って安楽先生に直接連絡を取り，イルカのアルブミンの奇妙さを説明して研究へのご協力をお願いしたところ，快く引き受けてくださった．そうして安楽先生のご助力のもとにイルカのアルブミンの抗酸化力を調べてみたところ，ヒトのものよりもイルカのアルブミンの方がなぜか高い抗酸化力を示すという予想に反するデータが得られてしまった．

なぜ，そのようなことになるのかを明らかにしたくなり，今度はタンパク質の構造解析に通じている日本大学の袴田航先生の協力を得て，イルカのアルブミンの三次元構造を解析してみた．その結果，イルカのア

ルブミンの抗酸化力の高さは，アルブミンが三次元構造を取るために使われている17対のシステイン同士の結合（SS結合と呼ばれる）のうち，いくつかの結合が解けやすくなっていて，互いと結合が外れたシステイン残基が活性酸素と結びついて抗酸化力を発揮しているのではないか，というところまで突き止められた（Suzuki *et al.* 2020）．

これらのデータをもとに，ミナミバンドウイルカやマダライルカで，潜水に続く呼吸の後にアルブミンが分解された理由を考えてみた．まず，イルカが潜水すると，体内の酸素が少なくなる．そして浮上して呼吸すると，そこに一気に酸素が入り込み，活性酸素が生じる．このときに，ほどけたSS結合が活性酸素と結合してその酸化力を減じるが，そのせいでアルブミンが変形して分解されてしまう，ということが起きているのではないかと推測される．

アルブミンについてはその後もおもしろいデータが出てきているため，大学院生が中心となって現在も研究を続けている．今は主に培養細胞を使いながらその機能を探っているが，プールの底までイルカを潜らせ，各ポイントで採血していただいたからこそ今の展開がある，とよく思う．こうして，データをとると次のアイデアが浮かび，研究を展開していく．そのため，研究テーマがとっ散らかっているように見えるが，私の中では網の目のように繋がっているのである．

話があちこちに飛びつつも，これまでに水族館との共同研究で得られた知見についてざっと紹介してきたが，過去に遂行された研究の中には，はっきりした結論が得られず，学会発表がせいぜいで論文化に至らなかった実験も多くある．それらは私の実験計画の不完全さや見通しの甘さが招いた結果であり，協力してくれた水族館の方々に申し訳なく，また，恥ずかしく思うのである．

大学では，毎年のように「水族館のイルカで何か研究したい」と希望する学生から相談を受ける．ふわりとしたイメージで，イルカの健康管理に良さそうなあんな実験やこんな実験をできないだろうか，と提案をしてくる学生も多い．イルカへの真っ直ぐな姿勢や好奇心，溢れ出るやる気は大切なもので，評価するが，そのようなとき，私は容赦せずに「その研究の内容が，水族館の資源（イルカ，スタッフ，時間とエネルギー）を使わせていただくだけの科学的価値があるかどうかを十分に考え抜きなさい」と指導する．そしてその言葉は，ブーメランのようにそのまま

自分に返って来る.

最後に：研究を志す人々へ

　私が大学生になった頃には，ワープロ機器が一般に普及しはじめたばかりで，パーソナルコンピュータはとても高額なものであった．自動車はリッター当たり10km も走れば燃費が良いと評され，とても大きな携帯電話が最新ともてはやされた．それが今や，小学生もパソコンやスマートフォンを使いこなし，電気自動車や水素自動車が走っている．私の自動車も公称35km 以上／L の燃費を誇る．四半世紀という年月で，いくつも世代が入れ替わってきたことを実感する．そして，科学関連の技術革新もものすごい速さで進んでいる．分析機器の感度や精度が上がり，遺伝子の配列を読むシーケンサの革新は特に目覚ましい．

　私は高性能機器を使いこなすこと自体にはあまり興味がなく，それゆえに得意でもない．最新機器の知識や技術にも全然追い付けていないが，良し悪しは別として，外注や共同研究者の手による解析という裏技が使えてしまうため，上述のように，時として流行りの手法を使うことがある．その結果，今までは見えなかった，否，見ようともしていなかったデータが大量にアウトプットされてくる．そして私は，データのるつぼの中でも回転するはめになる．データの多さが手に余り，まとまるものもまとまらないような暗澹たる気持ちになることもしょっちゅうである．しかし，懲りずにデータを眺めていたり，また，研究者や水族館の方々との議論や論文などからヒントを得て，注目すべき対象を適切に絞り込めると，何かが形を成して見えてきたりすることもある．

　今，ビッグデータを扱える人材が求められ，国を挙げてその育成に取り組んでいるのは，高性能な機器から吐き出されてくる大量のデータから，意味の有りそうなことを引っ張り出せる能力を持つ人材が決定的に足りていないからであろう．生物学の分野では，ひと昔前はバイオインフォマティクスを扱えることは強力な武器となったが，今では汎用ツールの一つになりつつある．私は年齢を言い訳にして必要なところだけを辛うじてかじっている程度であるが，これから研究者になろうとしている若人たちには，大量のデータを駆使して，新しいことを見つけていって欲しいと思う．

　その一方で，私が最近痛感していることは，教科書的な基本知識をし

っかり身に付けることもまた大切だということである．データを目前に
して，何に着目し，何に気付き，何が新しい発見であると見通せるかは，
科学の先人たちが築き上げてきた基本知識や概念をどれほど知っている
かということに大きく左右される．私は中学の時に成績簿の通信欄に「コ
ツコツ勉強するタイプではない」と書かれた通り，地道な努力よりも瞬
発力で勉強するのが得意なタイプであったが，自分のことながらもこれ
はいただけない．最近，研究のるつぼの中で回転しながら自分の知識不
足を痛感することが多く，反省を込めて朝晩少しずつ，海外で出版され
た，優れた分厚い教科書をいくつか読んで学び直しているのだが，ペー
ジをめくるたびに新しいことを知ったり，混沌としていたものが整然と
なったりしていて，驚き，かつ，うれしく感じている．大きなお世話か
もしれず，また，ほとんどの人たちが実践していることかもしれないが，
これを読んでいる学生たちには是非，自分の専攻する分野で定番となっ
ているしっかりした教科書を愛読，熟読して，その内容を血肉にして欲
しいと，自分のことを棚に上げてでもいいたい．そうして知識や技術を
身に付け，情熱を持って水族館の方々に研究の必要性を説き，共同研究
を展開し，新しい知見を発見して行く若者が増えることを楽しみにして
いる．

　そして，私がこれまでそうしていただいてきたように，水族館の方々
には，研究をおもしろがり，研究を志す者に示唆を与え，まだ誰も知ら
ないイルカの世界を見る旅に同行して欲しいと切に願うのである．

引用文献

Hayano, A., Yoshioka, M., Tanaka, M., & Amano, M. (2004). Population differentiation
　　in the Pacific white-sided dolphin *Lagenorhynchus obliquidens* inferred from
　　mitochondrial DNA and microsatellite analyses. *Zoological Science*, 21 (9), 989-999.

Suzuki, M., Tobayama, T., Katsumata, E., Yoshioka, M., & Aida, K. (1998). Serum
　　cortisol levels in captive killer whale and bottlenose dolphin. *Fisheries science,* 64 (4),
　　643-647.

Suzuki, M., Uchida, S., Ueda, K., Tobayama, T., Katsumata, E., Yoshioka, M., & Aida,
　　K. (2003). Diurnal and annual changes in serum cortisol concentrations in Indo-
　　Pacific bottlenose dolphins Tursiops aduncus and killer whales Orcinus orca.
　　General and Comparative Endocrinology, 132 (3), 427-433.

Suzuki, M., Hirako, K., Saito, S., Suzuki, C., Kashiwabara, T., & Koie, H. (2008). Usage
　　of high-performance mattresses for transport of Indo-Pacific bottlenose dolphin.

Zoo Biology, 27 (4), 331-340.

Suzuki, M., Nozawa, A., Ueda, K., Bungo, T., Terao, H., & Asahina, K. (2012). Secretory patterns of catecholamines in Indo-Pacific bottlenose dolphins. *General and Comparative Endocrinology*, 177 (1), 76-81.

Suzuki, M., Tomoshige, M., Ito, M., Koga, S., Yanagisawa, M., Bungo, T., & Makiguchi, Y. (2017). Increase in serum noradrenaline concentration by short dives with bradycardia in Indo-Pacific bottlenose dolphin Tursiops aduncus. *General and Comparative Endocrinology*, 248, 1-4.

Suzuki, M., Banno, K., Usui, T., Funasaka, N., Segawa, T., Kirihata, T., ... & Munakata, A. (2018). Seasonal changes in plasma levels of thyroid hormones and the effects of the hormones on cellular ATP content in common bottlenose dolphin. *General and Comparative Endocrinology*, 262, 20-26.

Suzuki, M., Yoshioka, M., Ohno, Y., & Akune, Y. (2018). Plasma metabolomic analysis in mature female common bottlenose dolphins: profiling the characteristics of metabolites after overnight fasting by comparison with data in beagle dogs. *Scientific Reports*, 8 (1), 12030.

Suzuki, M., Ohno, K., Sawayama, E., Morinaga, S. I., Kishida, T., Matsumoto, T., & Kato, H. (2023). Genomics reveals a genetically isolated population of the Pacific white sided dolphin *(Lagenorhynchus obliquidens)* distributed in the Sea of Japan. *Molecular Ecology*, 32 (4), 881-891.

鈴木美和（2006）．イルカの飼育環境を生理学的見地から改善する（特集 イルカ研究と水族館）．海洋と生物，28 (4), 385-390.

Walker, W. A., Leatherwood, S., Goodrich, K. R., Perrin, W. F., & Stroud, R. K. (1986). Geographical variation and biology of the Pacific white-sided dolphin, *Lagenorhynchus obliquidens,* in the north-eastern Pacific. In: M. M. Bryden & Richard Harrison (Eds), *Research on Dolphins* (pp. 441-465), Oxford University Press.

第 **5** 章

老舗水族館の研究

その歴史と現在

羽田秀人

学生として水族館でイルカ研究を行う

　高校生のとき，進路を決める時期に差し掛かった．大学，専門学校，就職……イルカトレーナーになるための道にはいくつかの選択肢があったが，私は家族との話し合いの末，大学進学を選ぶこととなった．実のところ私自身は，高校を卒業してすぐイルカトレーナーになりたかった．

　某水族館に遊びに行ったとき，そこのイルカトレーナーの方に「自分もトレーナーになりたいが，どうやったらなれるのか？」と聞いたことがある．そのときに話をしたトレーナーの方は，「高校卒業と同時にトレーナーになることもできる．うちの水族館でも高校卒業後に就職した人がいるから目指してみては！」と答えてくれたのだ．卒業してすぐイルカトレーナーになることができる⁉　当時の私にとっては夢のような話であり，すぐ家族にその話をしたが，結果は前述した通り．選択肢は多い方がよいという親の意向に添い，私は大学へ進学することにした．だが，これからお話しする大学時代の経験が，今の私にとって大きな財産となっており，冷静にアドバイスしてくれた家族には感謝をしている．

大学に行くならイルカの研究がしたい

　大学に行くならイルカの研究がしたい……そう思って調べてみたものの，今と違って当時は，イルカの研究をしている大学や研究者の方はほとんどいなかった．そんな中でたどり着いたのが東海大学の村山司先生である．東海大学海洋学部のパンフレットには，村山先生の紹介と共にシャチの研究風景の写真が掲載されていたのを覚えている．

　村山先生の元ならイルカの研究ができる！　そう思った私は東海大学海洋学部に進学することを決め，無事に入学することができた．

　大学に入学したからといってすぐにイルカの研究ができるわけではない．４年生になり，研究室に入ってはじめて専門的な研究ができるのだが，それまでの３年間は海に関する様々な講義を受ける．水質やプランクトン，海藻や魚類について等々．もちろん，これらの分野の勉強も海洋学部に入学したなら学ぶべきことである．ただ，私はイルカについて学びたい気持ちを抑えきれず，入学早々に村山先生を訪ねた．

　「イルカの勉強がしたいです」

　先生に自分の想いを伝えると，私と同じような学生が毎年たくさんい

るので，先生もまた来たか，といった感じで，

「新入生向けにイルカのゼミを開催するから，それに参加したらいいよ」

と，教えてくれた．

このゼミは通常の講義ではなく，あくまで先生が好意で開催してくれていたものなので単位はもらえない．私はこのゼミに3年間参加し続け，そこで鯨類に関する様々な知識を学び，先生の研究室で当時，行っていた研究の内容を知ることができた．そして4年生になった．いよいよ村山先生の研究室に入ることができ，念願であったイルカ研究をする舞台にまでたどり着いたのである．

村山先生の研究室では10名ほどの学生が研究のテーマによって数名ごとに分かれ，それぞれが水族館のイルカや，その他の海棲哺乳類を対象にして研究を行っていた．

私はイルカの視覚について興味があり，一つ上の先輩が行っていた研究を引き継ぐこととなった．まずは，先輩の研究を参考にして，水族館で行う実験内容を考え，研究室にこもって計画書の作成をする．それを先生にチェックしてもらい，修正が入り，また考え直す．この繰り返しである．そして実験方法が決まったら実験道具の製作も自分たちで行う．

イルカたちはプールに物が落ちると飲み込んでしまうことがあり，そうなったら胃カメラを入れたりして胃の中から異物を取り出すという大掛かりな作業を行わなければならない．自分たちの実験を行うために作った道具でそんなことになったら一大事である．なので，道具の製作で重要なのは，①壊れない，②なるべく小さい部品は使用しない，ということが大切だと先生に教えられていた．もちろん先生もサポートはしてくれるが，あくまで自分たちの研究なのである．

計画書も道具も完成したら，いざ実験．その初日には水族館の職員の人たちと念入りに方法等の打合せを行う．いよいよ実験がはじまるという実感が湧く瞬間で，学生の緊張がピークに達する日でもある．1日の流れや施設の使用方法なども確認するのだが，この日のことは正直よく覚えていない．水族館という特別な場所で実験をするということは，学生にとってそれほど特別なことなのである．

学生時代に水族館で研究をさせていただいた経験を通じて，動物や水族館の職員の方たちに多大な協力をしてもらって研究が成り立っていることを実感できたことは大きかった．飼育員になった今でも，動物たち

第5章　老舗水族館の研究　　**153**

のことをより深く知るために，水族館での研究は必要だと日々感じている．そのためには，研究者は「動物」と「飼育員」を，そして現在の自分の立場からすると飼育員も「動物」だけでなく研究をするために多大な時間をかけている「研究者」を尊重することが大切だといえる．新江ノ島水族館で一緒に研究をする学生には，いつもこのことを伝えているのだ．

新江ノ島水族館の歴史

　新江ノ島水族館の歴史と研究について触れたい．

　当館は生物の宝庫である相模湾を目の前に有する，水族館としては非常に恵まれた地で，2004年に開館した．開館当初より多くのお客さまに来館していただき，相模湾に生息する生物を中心に，その魅力を伝え続けている．

　実は，当館の歴史は新江ノ島水族館からではない．以前は「江の島水族館」として1954年に開館しており，日本国内でも老舗の水族館なのである．江の島水族館の創設者である堀久作氏は，1952年のある日，箱根から大磯に向かってドライブをしているとき，国道134号線沿いにある

図5.1　新江ノ島水族館外観

片瀬西浜海岸の砂浜へ足を運んだ．東に緑豊かな江の島，西方には霊峰富士の雄姿を目にし，そのすばらしい景観に心を奪われたのだ．久作氏はそのとき，この地に水族館を建設しようとひらめき，江の島水族館の建設に着手したのだ．調べていくと，江の島が日本の海洋生物学発祥の地であることがわかった．大森貝塚を発見したことで知られるアメリカ人のエドワード・S・モースは，江の島が生物の宝庫だと知り，日本ではじめての臨海実験場を建設していたのだ．美しいロケーション，海洋生物学発祥の地，まさに水族館を建設するには最高の場所であった（堀，2008）．そして，1954年に「江の島水族館」が開館し，その後1957年には日本ではじめてイルカショーを行った「江の島水族館2号館 江の島マリンランド」（以下，マリンランド）が，1964年には鰭脚類やその他の海獣類を飼育する「江の島水族館3号館 江の島海獣動物園」がそれぞれ開館したのだ．

マリンランドは久作氏の「どこにもないものを作る」というパイオニア精神のもと，当時，世界最大級といわれた水量が5000tにもなるプールを建設した．飼育する鯨類は静岡県西伊豆町の安良里沖で捕獲し，マリンランドまで輸送をした．トラックにハクジラの一種であるハナゴン

図5.2　マリンランド外観

図5.3 江の島海獣動物園

ドウを乗せ，体が乾かないように水をかけながら箱根を越えてきた．この輸送シーンを，『鯨箱根をこゆ』というフィルムにして記録に残したのである．後述するが，その後，鯨類の飼育技術を向上させていき，水族館で鯨類の繁殖を行えるようになり，新江ノ島水族館では江の島水族館からの累代繁殖五世代目のバンドウイルカを飼育している．（2024年現在）

動物たちの知性を調べる

ここからは当館の研究の話をしたい．その前に海棲哺乳類を対象とした研究は，まず野生の個体を対象にするのか，水族館や動物園で飼育している個体を対象にするのかで大きく分かれる．研究したい内容によって，それぞれ利点が異なるが，水族館で研究をする利点としては，常に動物がいてくれることだ．一方，野生の動物を対象とするならば，まずは動物と出会わなければならない．ある一定の場所に定住しているような生活様式であれば比較的容易に発見できるかもしれないが，基本的に

は海のどこにいるかわからない．探すのに一苦労である．その点，水族館では飼育している動物たちがいるので，基本的にはいつでも研究が可能なのである．

　もう一つの利点は，当館も含めて飼育動物をトレーニングしていることだ．トレーニングは飼育における重要な要素の一つで，動物の健康管理や精神的な刺激を与えるために昔から当然のように行われてきた．このトレーニング技術も研究には欠かせない要素の一つなのである．当館は水族館でしかできない研究を積極的に行うことで，動物たちの知られざる能力を解き明かし，世間に広めていくことで，彼らのことをもっと知ってもらいたい．そんな想いがあるのだ．

　前述したが，動物のトレーニングができているということは，実験を行ううえでとても有利な点がある．特に動物たちの知性を探る認知実験においては欠かせない技術なのだ．たとえば，二つの図形を見分けられるのか？　というような視覚に関する実験においては，動物に二つの図形を呈示して，こちらが設定した正解の図形を選んでもらうという方法がある．イルカでは図形を選ぶ際に吻先（口先）で図形をタッチさせるのだが，この「吻先でタッチする」ということもトレーニングを通してできるようになるのである．

　想像してみて欲しい．何もトレーニングしていない動物に図形を見せているところを……．おそらく，興味がなければ通り過ぎてしまうか，ちょっと確認程度に見て終わりだろう．そこでトレーニングが必要となる．原理はいたって簡単だ．最初はタッチして欲しい物を吻先に近づけ，たまたま当たっただけで良いので魚をあげて褒める．そうすると動物はこれにタッチしたら魚がもらえると学習するので，自らタッチするようになる．ここまでトレーニングできたら，図形を二つにして，選んで欲しい図形にタッチしたときだけ魚をあげる．図形をしっかり見分けることができれば，片方の図形をタッチする割合が高くなるというわけだ．

　このような認知実験は江の島水族館時代からはじまっており，特に東海大学の村山先生と共同で行ってきた歴史は長い．バンドウイルカやカマイルカなどで視覚認知の実験を長年続けてきており，新江ノ島水族館になった今でも継続して研究を続けている．イルカだけに限らず，江の島水族館時代にはキタオットセイを対象として聴覚についての研究も行っており，当時は海棲哺乳類を対象とした認知実験はほとんどなかった

ので，実験方法など研究者や水族館もお互い手探りであった．

実験では，こちらが予想していない結果を得られることもある．新江ノ島水族館で飼育している2頭のカマイルカがいる．1頭は国内で最高齢となる「クロス」，もう1頭は「セブン」．この2頭を対象として村山先生と共同で視覚認知の実験を行っていた．実験方法は先ほどお伝えした二つの図形から片方を選んでもらうというもの．トレーナーたちは「クロス」はすぐに図形を識別できるけど「セブン」は時間がかかるのではないか，という予想であった．なぜかというと「クロス」はショーに出ていた経験もあり，様々なことができるベテランであったからである．一方「セブン」は，どちらかというとあまり器用ではなく，何か新しいことを覚えるのも時間がかかるタイプであった．ところがトレーナーたちの予想は見事に外れた．「クロス」はなかなか図形を識別することができなかったのだ．一方のセブンは，最初は「クロス」と同様になかなか図形を識別できなかったが，どこかで「これだ！」となったかのように，間違えることなく正解の図形を選べるようになってきた．これは当てずっぽうではない．2枚の図形を見せると，頭を左右に振って確認するような動きをしてから正解の図形を選ぶのである．吻先でタッチしてもらうのだが，正解率が上がると自信に満ち溢れるのか，タッチする勢いも増してきた．

あの不器用な「セブン」が!?

まさに「セブン」の知られざる能力が開花した瞬間であった．「セブン」は今でもこの視覚認知の研究において大活躍中である．この能力は実験を行わなければ気付かなかったかもしれない．新しい研究を通して今まで気付くことのできなかった「セブン」の一面を見ることができる，そんなことを教えてくれる出来事であった．

「クロス」の弁明をするわけではないが，もしかしたら「クロス」は図形を見分けられなかったわけではないとも思っている．なぜかというと，呈示するパネルは2枚．いってみればどちらを選んでも5割の確率で報酬の魚はもらえるのである．ベテランだからこそ，適当にタッチしても5割は魚がもらえるので，当てずっぽうにタッチしていたのかもしれない．

「とりあえずどっちかにタッチしていたら時々は魚もらえてラッキー

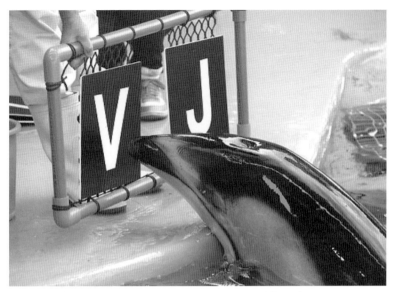

図5.4 セブンの実験風景（写真提供：浅井堅登）

だぜ」

　そんな「クロス」の心の声が想像できる．

　こういった実験の難しいところは，トレーナーの技術によって多少結果が変わってくる可能性があるところだ．これはトレーナーではないとわからない感覚かもしれない．動物が見わけられないのか，はたまたトレーナーが見わけるように教えられないのか．この判断はかなり難しいところなので，トレーニング技術の影響を少なくするためにも，なるべくベテラントレーナーが実験を行う，もしくは現場に立ち会って指導するようにしている．

　また，動物によっては実験に使用する道具＝見なれない物と判断して，警戒心を抱かせてしまうこともある．若いトレーナーはそれがわからず，はじめて見る道具をいきなり動物に近づけ，その動物が逃げてしまったなんていう失敗談もある．実験するには道具に慣らすなどの下準備も大切である．

動物たちの行動を観察する

　動物たちは日々の生活の中で様々な行動をしている．「泳ぐ」「体の一

第5章　老舗水族館の研究

部を動かす」「呼吸する」「ジャンプする」など，こういったすべての行動には情報がたくさん詰まっており，その行動を分析することでわかることがたくさんある．新人のトレーナーには，とにかく動物の行動をよく観察するよう，口を酸っぱくして教えるほど，動物たちがどんなことをしているかを観察することは大切なのである．研究によっては，動物の行動をひたすら観察するといったものもある．もちろん，いつもの動物たちをただ観察するだけではない．環境を変化させて，どういった行動をするのかを調べるのだ．

たとえば，イルカたちのプールに何か道具を入れて行動がどう変化するのかを観察したり，プールの外に鏡を置いてみたり．これらは人為的に環境を変化させているが，普段の飼育の中で起こる変化として，出産があったときに母イルカの行動がどう変化するかを観察したりもする．

もちろん，それぞれに研究の意図がある．プールの中に道具を入れての観察は，動物たちの行動をより多く・豊かにするための環境エンリッチメントの研究であり，その道具に対してどんな行動をするのかを調べるのだ．実際に道具を入れてみると，どのイルカも興味を示す道具もあれば，Aという個体は吻先でつついたり胸鰭でよく触ったりするが，Bという個体はまったく興味を示さないなど，個体によって嗜好性が違うこともわかった．また，出産があった際には，野生のイルカと同じ様に，親子で胸鰭など体の一部を擦り合せるラビング行動を観察することができたり，出産前は給餌の後に与えた魚を飲み込まずに咥えて遊ぶ行動が出ていた個体が，出産すると魚を咥えて遊ぶという行動が出なくなったりする．出産というのは動物の行動に大きな影響を与えるということもわかる．

こういった行動の変化は，感覚的ではなく，しっかりと数値で表すことが大切だ．そのためには観察した時間のすべての行動を記録し，どの個体が行っていたかを調べ，分析しなければならない．この作業には膨大な時間を要する．なので，こういった研究は大学などの研究機関と共同で行い，学生が観察・記録・分析をして，私たち水族館は施設と動物を提供するといった形となることが多い．

動物紹介もかねて行動観察の際にあった話を少しさせてもらう．イルカプールの前に鏡などを置いて，イルカたちがどんな行動をするのかを観察する実験があった．そのプールの中にいたのはバンドウイルカとハ

図5.5 ハナゴンドウのビーナ

ナゴンドウ，ハナゴンドウといわれても，その姿形がぱっと思い浮かばない方も多いだろう．若い頃は灰色の体色をしているが，年齢を重ねるごとに体にできた傷跡が白く残り，体全体が白っぽくなる．その模様が花びらのように見えることがハナゴンドウの「ハナ」の由来．そして，ゴンドウは感じで書くと「巨頭」．そう，読んで字のごとく巨大な頭を持っている．花びらのような模様がある巨大な頭の生き物，それがハナゴンドウである．当館で飼育しているハナゴンドウの名前は「ビーナ」，江の島水族館時代の1988年から飼育している個体だ．鏡を置いての実験はバンドウイルカが対象であった．「ビーナ」は飼育歴も長くトレーナーとの遊びもすぐに飽きてしまうことがあったので，鏡を置いたところで興味を示さないと思ったのだ．蓋を開けてみると，「ビーナ」もじーっと鏡を見ているような時間があり，いつもトレーニングのときに飽きられて目の前からいなくなられるトレーナーからしてみると，鏡に負けた．という少し悲しくも「ビーナ」の新たな一面が見られてうれしくもある複雑な気持ちになったのだ．

ハズバンダリートレーニングのパイオニア

　行動や認知など，その動物の生態を解明する研究だけではなく，何か

検体を採取して，その生理を調べる研究依頼もよくある．どういった検体が欲しいといわれるのかというと，

「○○ホルモンについて調べたいので血液をください」

「腸内の細菌について調べたいので糞便をください」

「イルカの乳成分の研究をしたいので母乳をください」

「年齢ごとの体の大きさを調べたいので，体の各部位を測定してデータをください」

これらはごく一部で，他にも様々な依頼を受けることが多い．依頼ごとに「動物が餌を食べる前のデータが欲しい」「餌を食べてから何時間後のデータが欲しい」「何時間ごとに何回採取して欲しい」などの指定もある．

検体を動物からどうやって採取するのか考えたことがあるだろうか？私たちヒトであれば，健康診断で採血や採便をしたり身体測定をしたりした経験があると思うのでイメージが湧きやすい．採血であれば腕を出して針を刺されるのをじっと我慢する．身長を測るのであればただ立っているだけである．動物たちはどうか？　イルカの血液を採るときには尾鰭の血管に針を刺す．糞便を採取するときには肛門にチューブを挿入してその中に便が入るようにするのである．針を刺したりチューブを入れたり，こういった刺激は動物たちにとっても私たちにとっても心地よいものではないのは想像つくだろう．

私たちは検査の間じっとしていれば自分の健康状態を知ることができる，ということを知っているので針の痛みなどを我慢することができる．では，動物たちにそれを伝えることができるか？　もちろんできない．針を刺している間じっとしていたら血液を採ることができて，あなたが健康かどうかを知ることができるんだよ！　といってもわかるはずもないので，突然イルカの尾鰭にブスッと針を刺せば痛がって暴れるし，もう近寄ってきてくれない可能性だってある．血液が採れないとなると動かないように捕まえて保定しなければならない．これは動物にもヒトにも負担がかかるし事故を起こしてしまう危険性もある．そんな危険なことを研究だからといって何回も行うことはしない．1日に5回分の検体が欲しいです，と言われたら5回捕まえないといけないのだから……．

では，どうやったらこちらの希望するタイミングで安全に検体を採取できるのか．ここで私たちトレーナーの出番だ．動物たちが検査の間じ

162

図5.6 バンドウイルカの採血風景

っとしていてくれるようトレーニングをするのである．これをトレーニングの用語で「ハズバンダリートレーニング」という．

ハズバンダリートレーニングは研究のために行っているのではなく，採血や体温測定といった日々の健康管理をお互い負担なく行うために実施している．具体的な方法については後述するとして，今ではこのトレーニングは日本の多くの水族館で当たり前に行われているが，実は国内の施設に普及するきっかけになったのが江の島水族館なのである．

1986年にカナダのバンクーバーで行われた世界の海獣類トレーナーが一同に集まる国際会議で，ハズバンダリートレーニングの普及に向けての発表があった．この会議に参加していたのが当時江の島水族館の海獣類トレーナーをしていた北村正一氏である．その時代，日本国内ではハズバンダリートレーニングはまったくといっていいほど普及しておらず，動物の検査は大人数で保定して行うことが主流であった．

海外での発表に感銘を受けた北村氏は江の島水族館でこのトレーニングを実践することを決めた．海獣類担当者に通常の勤務時間より30分早く出勤してもらい，ハズバンダリートレーニングを取り入れ，採血や検

第5章 老舗水族館の研究

温などの検査を動物に協力してもらって行うことを可能とした.

　そこから徐々に国内の水族館・動物園にこの考えが普及していき，今では当たり前のようにイルカが尾鰭を持たせてくれて検温や採血が可能となり，アシカが口を開けて口内のチェックをさせてくれるようになっている. 当館はハズバンダリートレーニングのパイオニアなのである.

ハズバンダリートレーニングの進め方

　ハズバンダリートレーニングは，ジャンプなどショーで行う行動のトレーニングに比べてかなり地味である. イルカの採血を例にトレーニングの流れを説明する. 先ほど少し話をしたが，基本的にイルカの採血は尾鰭に針を刺して行う. そのためには尾鰭を持たせてくれるようにすることからはじめるのだ.

　イルカは尾鰭を上下に勢いよく振って水中を泳ぐ. 私たちでいうところの脚のような役割をしている. 当然その尾鰭を持たれると泳げなくなるので，最初は触らせてもくれない. 胸鰭や背中など，イルカが安全だと思ってくれるところを触らせてくれたら褒めてあげ，その範囲を徐々に尾鰭の方へ近づけ，触ったら褒めるということを繰り返すことで尾鰭を持たせてくれるようになる. 尾鰭を持たせてくれるようになったら次は針を刺せるように慣らしていく. いきなり針を刺したら，もちろん痛くてもう尾鰭を持たせてくれなくなってしまうので，最初は弱い刺激からはじめる. 指先でサッと触ってみてじっとしていたら褒める. それができたら少し強めにこすってみたり，手のひらで触ってみたり，徐々に刺激を強くしていく.

　痛みの強さだけでなく，様々な刺激に慣らしてあげることが重要で，時には氷で触ってみたり，少し硬いもので触ってみたり. 本当に毎日こつこつと，その繰り返しである. 色々な物で触ることが大丈夫になったら，より針の刺激に近づけるため，爪楊枝など先端が尖ったものでチクっと刺激してみる.

　「よし，これも大丈夫だ」.

　ここまでやってはじめて本当の針を刺して採血をする. 動物がリラックスして検査を受けられることがいちばん重要なので，とにかくたくさん準備してあげる. これがハズバンダリートレーニングの基本. 動物だけでなくトレーナーや獣医がリラックスして臨むことも大切で，今か

ら針を刺すぞ，刺すぞという異様な雰囲気を作り出したら動物だってい
つもと違う空気感を察して，尾鰭を持たせてくれないなんてこともある．
ベテランのトレーナーや獣医は，え？　いつの間に終わったの？　とい
う感じでさらっとやってしまう．そのためにはとにかく日々の準備をど
れだけやるかにつきる．もちろん検査のときに動物がじっとできずに検
体を採取できないことだってある．そのときトレーナーはこれでもかと
いうほど落ち込む．自分の準備が足りなかったせいで動物に嫌な思いを
させてしまったかもしれない．

　「ごめんね」

　と心の中で謝っているのだ．だからこそ，うまくできたときには心の
底からうれしくなる．

　こうした動物とトレーナーの日々の努力があるからこそ，研究用の検
体も動物への負担を最小限にして採取することができる．

　そして研究者や学生のみなさんが時間をかけて解析してくれることで，
その結果を動物たちへ還元できるのだ．トレーナーが解析をすることは
なかなか難しい．逆に研究者の方は検体を採取することはできない．お
互いが得意とすることを合わせることで，こういった研究が成り立って
いて，新たな知見の獲得に一役かっている．

出産する日が体温からわかる⁉

　動物を飼育するうえで，健康で長生きできるように飼育することはも
ちろんだが，その動物を繁殖させることも非常に重要である．水族館や
動物園の役割の一つである「種の保存」だ．当館は江の島水族館時代か
らバンドウイルカの繁殖に力を入れている．1959年に国内ではじめてバ
ンドウイルカの繁殖に成功し，江の島水族館で産まれたバンドウイルカ
が成長し，その子がさらに繁殖に参加をしていった．そして，新江ノ島
水族館になってからもその命は受け継がれ，累代繁殖五世代目の個体ま
で誕生している．その中で，繁殖に関する研究も行ってきた．

　イルカが出産するところを見たことがある人は少ないかもしれないが，
もちろん水中で出産する．そして，子イルカはすぐに泳ぎはじめるのだ．
子イルカは産まれてすぐはまだ上手く泳げないので，プールの壁にぶつ
かってしまう．子育て経験のある母イルカならすぐに子イルカと壁の間
に入り，上手に泳ぐことができるのだが，経験の浅い母イルカだとそう

第5章　老舗水族館の研究　　165

いうわけにもいかない．そういったときは子イルカが壁にぶつからない
よう，トレーナーたちが手やお手製のガードを入れてサポートする．母
イルカとトレーナーが協力をして出産を成功させるのである．なので，
いつ生まれるのか？　これを知ることが出産を成功させるためには重要
な情報となってくる．

　では，どうやってそれを知ることができるのか？　餌を食べなくなる
など顕著な兆候がある個体もいるが，そうでない個体もいる．以前は出
産日がわからず，トレーナーが朝出勤したときにプールに子イルカが泳
いでいたこともあったのだ．もっと正確に出産日を知るために一役買っ
たのが，先ほどお伝えした「ハズバンダリートレーニング」である．江
の島水族館時代にハズバンダリートレーニングを取り入れ，朝と夕方に
バンドウイルカたちの体温測定を行い，健康管理に役立てていた．もち
ろん，妊娠しているイルカも行っており，その中で出産が近くなると普
段は36度台の体温が一度ほど下がることがわかったのだ．この成果を，
当館は1993年に国内で（北村．1994），1999年には海外向けに発表して
おり（Terasawa *et al,* 1999），今では全国の水族館で出産日を推定する
のに役立てられている．

乳裂間の幅と胴回りを測定！

　妊娠個体のデータを活用して研究した例をもう一つ．これは私が行っ
た研究の話である．2014年，私の担当していたバンドウイルカ「シリア
ス」が妊娠をした．当館の過去の研究のように，妊娠中にしか得ること
のできない貴重なデータがあるのではないか？　これからの繁殖に役立
てられるデータは何か？　と何度も，何度も思考を巡らせた結果，二つ
のことを思いついた．

　一つ目は体温以外でイルカの出産日を推定するためのデータ．バンド
ウイルカは出産直前に体温が低下すると書いたが，なかには体温があま
り低下しない個体もいる．そこで体温以外にも何か出産日を推定できる
データはないか？　ということを当時の獣医に相談したところ，次のよ
うな返答があった．

　「乳裂間の幅を調べてみたら？」

　乳裂とはイルカの乳首が隠れているスリットのことで，お腹の後方に
左右それぞれ一つずつ乳裂がある．その乳裂の間に赤ちゃんイルカが産

まれてくる生殖孔がある．出産が近づくとこの生殖孔がいつもより開いて左右の乳裂の幅が広がるのではないか？　その幅の長さを測定することで出産日を推定することができるかもしれないというものだ．

二つ目は身体の大きさの変化．妊娠時の身体の各部位の大きさの変化を調べることで，どの部位がどの時期にどの程度大きくなるかを把握し，産まれてきた子イルカの健康状態と比べ，母イルカの理想の身体の変化を知ることができるかもしれない．これは過去に妊娠しているイルカが，出産が近づくにつれてどんどんと見た目が大きくなっていくのを見ていて，正確なデータが欲しいと頭の片隅にあったのを思い出したのである．

何気なく観察しているときに思いついた疑問というのは実は貴重で，それをきっかけにその疑問を深掘りするのがこの仕事の醍醐味の一つである．過去に，妊娠していない個体の胴回りを測定し，その周年変化を研究していた水族館があったことを覚えていたので，すぐにその水族館の方に連絡を取って，研究の詳細を教えてもらった．思い立ったが吉日……

「よし！　やろう！」
と思ったらすぐ行動する．この勢いも非常に大切である．

その水族館の方に教えてもらった方法を参考に，胸鰭の付け根から生殖孔までの4か所の胴回りの長さを測定することとした．乳裂の測定は比較的容易で，普段採血や検温を行っているお腹を上にして尾鰭を持たせてくれる姿勢の際にノギスを使用して測定した．このノギスを当てる刺激は「シリアス」にとって最初から特に気にならない刺激であった．

胴回りの値を測定するには，「シリアス」に横向きで浮いてもらい，メジャーを身体一周ぐるりと巻いて各部位を測定するのだが，このメジャーで体を巻くという行為は，「シリアス」にとって怖い刺激であった．そこで「ハズバンダリートレーニング」の出番である．

最初はメジャーを少しだけ体に当てるところからはじめ，徐々に身体に巻くように当てていくのだ．1か月もかからずに4か所の胴回りも測定できるようになり，そこから可能な限り毎日値を測定し，記録として写真撮影も行った．

協力してもらうのは「シリアス」だけでなく，測定のときには他のトレーナーにも手伝ってもらう．通常の忙しい業務に加えての作業なので，最初はみな懐疑的だ．これをやることに意味があるのか？　他の仕

第5章　老舗水族館の研究　**167**

事に時間を使った方がいいのではないか？ という声も少なからずあった．だが，熱意を持って続けることで徐々に周囲も興味を持ってくれるようになり，測定が終わった後に「今日はどうだった？」と聞かれるようになってきたのだ．

出産まで測定してわかったこと

そうして「シリアス」は無事に出産を迎え，データは揃った．データ

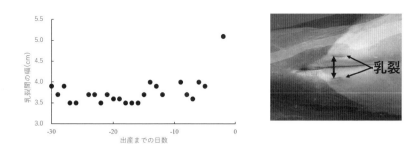

図5.7　出産30日前からの乳裂間の幅の変化

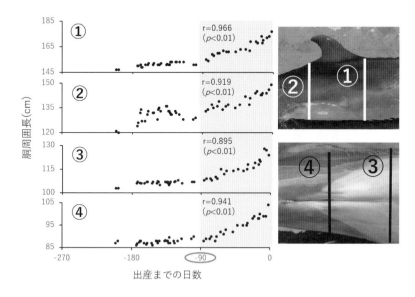

図5.8　妊娠期間における胴回りの変化

をまとめ，解析をする．200日以上あるデータ．何回も，何回もデータを様々なグラフにしてみる．ただの数字がグラフや表にすると見えてくるものがあるのだ．とても楽しい瞬間である．通常の業務が終わった後に行うので，気付けば深夜になっていることも少なくなかった．

　乳裂の幅に関しては，出産の30日前から徐々に広がっていき，2日前に顕著に拡大した．このことから，乳裂の幅が急激に広がってから2日程度で出産するのではないか？　ということが見えてきた．胴回りに関しては，4か所とも出産の約90日前から徐々に大きくなっていった．産まれてきた赤ちゃんイルカも丸々としていて健康そのものであったので，「シリアス」に関しては次の出産では90日前あたりから身体が大きくなっているか？　という確認をすることができる指標となった．もちろん，この一例だけでは確かなことはいえないのだが，自分で考えて一から行った小さな研究．とても充実感に溢れていた．

　この結果を当館だけの情報に留めておかず，全国の海獣類飼育者が集う研究発表の場で発表したのだ．そこから他の水族館でも妊娠個体の乳裂や胴回りの測定をはじめましたという声をもらったり，当館の後輩がこの研究を引き継いでさらに深掘りをしてくれたりしている．何気ない疑問からはじまったことだが，それを突き詰めることでわかることがある．まさに研究のおもしろさだ．そして，やはりそこには協力してくれる動物がいて，一緒に働く仲間がいるのを忘れてはいけない．

相模湾の生物を探る

　水族館での研究は，飼育している生物のみを対象にしているわけではないのだ．当館の目の前には相模湾が広がっている．普段何気なく海を眺めていると，ここにどんな生物がいるのだろう？　そんな疑問が湧いてくる．では，どうやって調べるのか．海棲哺乳類に関しては，時々死亡した個体やまだ生存している個体が海岸線に打ち上ることがあり，これをストランディングという．このストランディングした個体を詳しく調べるのだ．

　イルカやアシカが海岸に打ち上がることなんてそんなに多くないと思われるかもしれないが，意外にもよく起こることなのだ．ここで重要なのは，打ち上がったという情報を得ること．相模湾と一言でいっても，とてつもなく範囲が広い．当館の職員が毎日相模湾すべての海岸線を歩

第5章　老舗水族館の研究　　**169**

いて探しているわけではもちろんない．地元の漁師さんやサーファーの方が連絡をくれることが多く，ストランディングの情報を収集するためには地域の方の協力が必要不可欠なのである．また，神奈川県内でストランディングがあった際に，情報を共有できるネットワークにも加盟しており，可能な限り情報を収集できるようにしている．

　新江ノ島水族館になってからは鯨類だけで14種のストランディングが確認されている．たとえば，小型の「スジイルカ」「シワハイルカ」や，大型の「マッコウクジラ」「ミンククジラ」「コククジラ」なども確認されている．2018年には日本で初確認となる「シロナガスクジラ」の子どもが鎌倉の海岸に打ち上ったことは大きなニュースにもなった．過去，相模湾で確認された鯨類は35種で，この数字は日本近海で確認された鯨類の79％は相模湾で確認されていることになる．やはり相模湾は生物の宝庫なのである．ただ，これらの鯨類は相模湾に定住しているわけではなく，回遊ルートに相模湾があり，途中で死亡してストランディングした個体が多いと考えられる．なので，ストランディングした時期などをまとめることで，その種の回遊ルートや時期を解明する手がかりとなる．

　死亡した個体は解剖をして死因を調べたり，胃の中に入っている物を調べて，どんな餌を食べていたのかを調べたりする．こういった解剖は当館の職員だけでなく，他の研究施設の方と合同で行うことが多い．特に大型の鯨類になると解剖できる場所も限られており，場合によってはそのまま打ち上がっている海岸で行うこともある．前述したシロナガスクジラの胃の中からはプラスチック片が見つかっており，このプラスチック片はもちろん人間が出したごみである．このニュースは大きく取り上げられ，多くの企業や地域の団体がごみの排出を減らす取り組みを推進するようになり，環境問題について改めて考えるきっかけとなった．

　このようなストランディングは，予告なく起こる．明日ストランディングがあるよ！　なんてことは誰も教えてくれない．海が荒れている日や，荒れた次の日に起こることが多いので，そんな日は少し身構えてはいるが，決まって忘れた頃にやってくる．まず水族館にストランディングの連絡が入ると，誰が対応に行くかを出勤している職員の中から決めなければならない．もちろん水族館の動物たちが最優先なので，そんなにたくさんの職員を出すわけにはいかず，1人，2人程度だ．そこからバタバタと現場に行く準備をしたり，ストランディングのネットワーク

図5.9　シロナガスクジラのストランディング

に情報を流したりする．ストランディングの対応に向かう人も大変だが，水族館に残って業務をする人も，通常より人数が少ない中での仕事になるので非常に忙しくなる．それでも，ストランディングした生物の種を特定し，様々な情報を収集することの重要さを知っているので，よほどのことが無い限り対応するようにしている．地道な活動を続け，相模湾に生息する生物をもっと深く知り，様々な人にその情報をこれからも伝えていきたい．

水族館と学生

　学生が水族館の動物を対象に「研究」をしたいと依頼がくるとき，その内容は大きく3つに分かれる．カマイルカの「クロス」や「セブン」の話であったような動物に何かを教えることが伴う「実験」，血液や便といった検体を必要とする「採集」，ハナゴンドウの「ビーナ」の話であった動物の行動の「観察」がある．研究の過程で，実験結果をまとめるということも，もかなりの労力を使う作業である．認知などの実験は得られた結果を数値化し，他の研究と比較することが多い．検体を必要とする研究では，検査するために検体を処理して性状を調べ，さらに得

られたデータをまとめる．行動観察の研究は，観察中に撮影したビデオを見返して，どんな行動をしたのかを記録する．画面とのにらめっこが何時間も続く．どの「研究」も結果をまとめるには膨大な時間が必要なのだ．

最初にも話したが，水族館のトレーナーはとにかく忙しい．一日中バタバタと過ごしている．いや，バタバタだと少し足りない気もする．バタバタバタバタと働いている．もし私たちが学生と同じような内容で研究をしようとしたら，データを取るところまではできるであろう．ふだんからトレーニングをしているので，そこで実験をしたらよいし，定期的に検査もしているので検体も取れる．行動観察はビデオを置いておけばいい．ここまではできる．ただここからが難しい．得られたデータをまとめる時間がない．だからこそ，学生との研究が有効なのである．

私も大学時代に研究をしていた身なのでよくわかるが，学生の頃は圧倒的に時間を使える．行動観察の解析など本当に膨大な時間を要するので，時間のある学生にもってこいである．もちろん私たちももっと動物たちのことをよく知りたい．だからこそ，自分たちだけではできない研究をやってくれる学生やその担当の先生には感謝が尽きない．

そんな学生とのコミュニケーションはとても大切である．その日のスケジュール確認，実験手順の変更があればその確認をする必要もある．新しい道具を使用したいとなればそのチェックも行う．行動観察では個体を識別しなければならないので個体の特徴も教える．実験が予定通り進まない場合には相談を受けることもある．基本的にはまずは学生にしっかりと考えてもらうことを基本のスタンスにしている．水族館に動物がいるからこそ研究ができるのであって，その動物たちが協力をしてくれているのだから，こちらも全力で取り組む．それが動物に対しての礼儀である．目の前の動物は，何頭かいる研究対象のうちの1頭かもしれない．個体A〜FのうちのCという個体なのかもしれない．でも，その個体には愛称があり，水族館で生活をしてきた歴史があり，れっきとした「個」なのである．ただ単に実験を行ったり検体を採取したりするだけでなく，そんなことも学んでもらえたらと思っている．

少し小難しい話をしたが，研究の話だけでなく，就職の相談を受けたり，たわいもない話をしたりもする．なかには卒業後に水族館への就職が決まる学生も少なくない．数か月後には同業者となるのだ．そんな学

生とトレーナーとの出会いも水族館での研究の裏側にはあり，私が学生だったときのように，その出会いが長い付き合いのはじまりになることもある．

えのすい社内勉強会

最後に新江ノ島水族館でここ数年に渡って取り組んでいることを一つ紹介したい．

それは，「えのすい社内勉強会」．

読んで字のごとく，新江ノ島水族館，すなわち〝えのすい〟での勉強会だ．どんなことをしているかというと，海獣類や魚類など担当を問わず数名に立候補してもらい，それぞれが興味を持ったことをちゃんと発表できる形にまとめて，職員の前で発表をするという会である．勉強会とうたっているが，社内で行うミニ研究発表会みたいなイメージだ．

ここまでもお話ししてきたように，新江ノ島水族館では様々な研究に携わってきた．もちろん今回紹介した研究はごく一部で，海獣類だけでなく様々な生物を対象とした研究を行っている．それは江の島水族館時代から代々受け継がれてきており，当館は楽しく学べる「エデュテインメント型水族館」を常に目指してきた．お客さまに海の生物のことをもっとよく知ってもらいたい．その学びを楽しい経験として心に刻んでもらいたい．その原点は飼育員の生物に対する「なんで？」「どうして？」という好奇心から生まれる学びによるものなのである．

老舗の水族館であるからこそ，その原点を見失わずに若い飼育員にも受け継ぎ，さらに進化していきたい．そんな想いからはじまったこともあり，特に若手の飼育員に積極的に発表をしてもらっている．

発表内容は多種多様

あくまで社内での勉強会なので，何かすごい発表を求めているわけではない．とにかく自分で興味を持ったことをまずは調べてみる．それをちゃんと形にして，そこから何が見えるのかを考える．この研究の基礎となる一連を体験して欲しいのだ．何かやってみたいことがあっても，いきなりどこかの学会や研究会で発表となるとハードルが高いので，この勉強会を練習の場にして欲しいと思ってやっている．

どんな研究ができるか，ヒントはいたるところに転がっていて，私た

ちがふだん生物を飼育している中でたくさんのデータを取っているが，ちゃんとまとめているものは意外に少なかったりする．生物からのデータだけでなく，水温や水質のデータからであっても立派に研究ができる．そんなことにも気付いて欲しいのだ．

2018年に第1回の「えのすい社内勉強会」を開催し，そこから1年に一回開催しているので，すでにたくさんの発表が行われた．ここで，今までにあった発表演題のいくつかを簡単に紹介したい．

・バンドウイルカにおける1年間の母子観察と早期取り上げ

バンドウイルカの出産後に1年間の行動観察を行ったのでそのまとめと，子イルカの体重変動や必要なエネルギー量などを調べた．子イルカの体重変動のデータは非常に貴重で，全国の研究発表の場でも発表し，大きな反響を得た．

・フンボルトペンギンの換羽について

ペンギンは1年に1回，全身の羽が生え替わる「換羽」という生理現象がある．ペンギン飼育エリアの照明が点灯している時間の長さが変化することで，換羽の時期が変化するのかを調べた．水族館の営業が通常より長くなる際に，ペンギンエリアの照明点灯時間を検討する材料となったり，照明の種類などを検討するきっかけになったりした．

・海獣類の餌料衛生管理改善に向けた取り組み

動物に与えている餌をよりよい状態で保管する方法や，付着する菌の殺菌方法などを見直し，その取り組みをまとめた．餌の管理は動物の健康を守るために非常に重要であり，普段の作業を見直すところから一つの研究にまとめた例．

・神奈川県初記録となるシワハイルカのストランディング

2021年5月に神奈川県ではじめて「シワハイルカ」という種類のイルカがストランディングしたことの報告．先ほどお伝えしたが，新江ノ島水族館では飼育している生物だけでなく，自然界に生息する生物の研究も行っている．

ここからは演題のみ紹介する．

・相模湾江の島に出現した日本初記録の *Tiaricodon* の一種（ヒドロ虫綱，花クラゲ目，ウラシマクラゲ科）」

・オウムガイの飼育下産卵と卵成長過程の観察

・水槽内で観察されたウツボの産卵関連挙動

図5.10　えのすい社内勉強会の様子

　他にもたくさんの発表があるのだが，すべて紹介できないのが残念である．

　このように様々な生物の発表が行われており，社内勉強会当日は発表に対しての質疑応答も行い，発表者も参加者もお互い学ぶ機会となっている．研究に対して，新江ノ島水族館の飼育員全体の意識を高めることで，外部の方と共同で研究を行う際もよりよい意見交換をすることができると思っている．

江の島水族館と研究

　新江ノ島水族館のホームページには「研究発表」という項目がある．ここには江の島水族館時代まで遡って過去の研究を見ることができる．その中でいちばん古い研究は1956年の「水族館における海水魚の成長の若干例」である．60年以上前から当館での研究の歴史ははじまっている．そして，現在に至るまで数々の研究を行ってきた．その対象は多種多様な生物におよび，水族館で飼育している中で発見したことから，外部の研究機関と共同で研究した例まで様々である．この歴史の原点は江の島

水族館初代館長である雨宮育作氏の「水族館は楽しく，ためになって夢が持てる場であること，そしてそのバックヤードには真摯な生物研究がなければならない」という教えにある．水族館は生物の展示を通して来館者に生物の魅力を楽しみながら伝えていく場である．だが，その裏には生物を飼育するという技術がなくては成り立たない．

　生物の飼育というのはわからないことに溢れている．ふだんの飼育に疑問を持ち，わからないことを調べ，現場で検証する．この一連がまさしく研究であり，飼育員の仕事として終わりはないのである．当館のホームページにある「研究発表」で海棲哺乳類の研究を探してみると，いちばん古い記録で，1959年に「バンドウイルカの成長に伴う体型の変化」，その後1960年に「イルカ類の調教過程」，1961年に「バンドウイルカの摂餌量について」といった研究が出てくる．飼育の基礎となる内容だが，鯨類飼育を開始した当時には「イルカ」というのは未知の生物であり，餌はどの程度食べるのか？　この体型で適しているのか？　調教はどのように行ったら良いか？　すべてが手探りだったはずである．その中で得た情報や知識を先人たちが形として残している．それを受け継ぎ，今の飼育に繋がっているのだ．そして，その研究内容は水族館内での情報に留めず，世間に情報を発信することにより，生き物により興味を持ってもらいたい．これは水族館が果たす社会的役割の大きな一つだ．今後も当館の長い歴史の中でどのように研究と向き合い，どんな研究を行ってきたのか．そして飼育員たちが研究を通して感じたことなどをお伝えしていければと思う．

最後に

　水族館は自然の海とは異なる環境で生物を飼育し，命を預かるという重い責任を背負っている．そのために，飼育員は自分の人生をかけて日々生物と向き合っている．それは自然の中とは違う関わり方なのかもしれない．だが，飼育しているからこそ時間をかけて関わることができ，飼育下の生物を対象とした研究でしか得られない知見がある．そういった研究の一助を担うことも水族館の使命であり，終わりはないのだ．生物の未知なる部分を追い求め，水族館に来ていただくお客さまに情報を発信し，ヒトとその他の生物がより良い関係でいられる橋渡しの役でなければならないのだ．

当館は江の島水族館時代から新江ノ島水族館になってからの現在まで，ここで紹介した研究以外にも様々な研究を行ってきた．それが地域の方にも伝わっているのか，鯨類がストランディングした際に現地に行くと，〝えのすい〟の職員が来てくれたなら安心だ．熱心に研究に取り組んでいますもんね．という声をかけていただくことがある．これは，本当にうれしいことでもあり，その期待に応え続けなければと気を引き締めさせてくれる瞬間である．新江ノ島水族館は老舗として過去の飼育員の想いを受け継ぎながら，常に進化することを目指し，お客さまや一緒に研究をしてくれる研究者の方たち，そしてなにより飼育している生物たちに感謝して，これからも水族館での研究を続けて行く．

　「水族館は楽しく，ためになって夢が持てる場であること．そしてそのバックヤードには真摯な生物研究がなければならない」という言葉を胸に刻んで．

参考文献

堀由紀子．(2008)．わが人生8．水族館へようこそ．神奈川新聞社．神奈川

北村正一．(1993)．ハズバンダリー行動によるイルカ類の健康管理．どうぶつと動物園，45, 4-7

Terasawa, F., Yokoyama, Y., & Kitamura, M. (1999). Rectal temperatures before and after parturition in bottlenose dolphin, *Zoo Biology,* 18: 153-156 .

第 **6** 章

知れば知るほどおもしろい，水族館の裏話

鳥羽水族館はどんなところ？

若井嘉人

何と出発点は海産物問屋

　ジュゴン，ラッコ，イロワケイルカなど，多くの希少動物を含む約1200種の生物を有し，全国でも珍しい「順路のない水族館」としても知られる三重県の鳥羽水族館．設立当初，田舎の小さな水族館にすぎなかった当館が，民間ならでは機動力とユニークな発想，そして持ち前のチャレンジ精神を発揮し，現在の姿に至るまでには様々な苦労もあったはず．本章ではまず，水族館に興味を持つ読者の皆さんに，水族館をより身近に感じていいただく意味も込めて，パンフレットには載らない鳥羽水族館の創業時のエピソードと，創業以来変わらず守り続けられている理念についてご紹介したいと思う．

　鳥羽水族館は1955年三重県鳥羽市に誕生した民間の水族館である．当時，鳥羽の観光といえば遊覧船による島めぐりと，水族館より4年早く開業したミキモト真珠島の見学が目玉となっていた．真珠島は世界の真珠王といわれた御木本幸吉が世界ではじめて真珠養殖に成功した島として有名で，水族館とは目と鼻の先にある．当時この真珠島の対岸に，鳥羽水族館の前身である「丸幸商店」という海産物問屋があった．

　海産物問屋というのは，漁師から海産物を買いつけ，主に都会などへ出荷し利を得る商いである．丸幸商店は島めぐりや真珠島へ渡る遊覧船

図6.1　開館当日の鳥羽水族館（1955年）

180

図6.2 現在の鳥羽水族館

の船乗り場近くに商売用の生簀を構えていたが，船が到着するまでの間，暇を持て余した観光客が生簀を泳ぐタイやイシダイなどの活魚をもの珍しそうに覗き込んだり，なかには近くで見ようと無断で作業場に入って来たりすることもしばしばあった．しまいには小売りができないのを承知で「この魚を売ってくれんか？」と交渉しだす客まで現れる始末．これではとても仕事に集中できないと思った店の店主，すなわち鳥羽水族館の創業者は，急きょ家族会議を開いて秘策を練った．それは作業場を「関係者以外立ち入り禁止」とはせず，いっそのこと水族館として観光客に開放し，代わりに入場料をいただくというものだった．まさに商売上手な逆転の発想である．

こうして1955年（昭和30）5月15日，鳥羽水族館は，設立を支援する地元有志からの出資を受け，日本で26番目の水族館としてこの地に産声をあげたのだった．ちなみに当時の入館料は大人20円，小人10円．鳥羽市が周辺の町村と合併し「海洋観光都市鳥羽市」としてスタートした6年後の物語である（図6.1）.

日本初,「ガイド付き水族館」

　オープン当初は,「天然水族館」とよばれる海を仕切っただけのシンプルな水族館だったが,生簀には何とペンギンやアシカも飼育されていた. また親会社の活魚生簀から調達した商売品のタイ,ブリ,イシダイなどの大群泳も観られ,質素ながらも活気のある水族館であった(図6.3). 極めつきは,開館翌年,来館者へのサービスとしてスタートした日本初の「ガイド付き水族館」. 観光バスガイドがヒントになったそうで,地元の高校の卒業生数人を採用し,2か月間海の生物に関する知識の猛特訓を受けてガイドデビューさせたのだそうだ(図6.4).

　2年後には,「世界初のドーナツ型水槽」「海女の実演水槽」など当時珍しかった大型ガラス越しに水中を見せる本格的な展示施設が続々オープン. その後も増改築や新たな動物の搬入が行われた. 1994年には現在の土地に念願であった全館リニューアルオープンを果たし,今に至っている(図6.2).

　鳥羽水族館の強みの一つは意思決定の速さだ. 創設者の「決して人ま

図6.3　天然水族館と呼ばれた生簀

図6.4　来館者に魚のガイドをする女性職員と網を持つ支配人

ねではなく,リスクをおそれず,誰もやったことのないことに挑戦する」という信念は,リスクを考え公益性を重要視する公立の水族館とは一線を画しているといえる.

この「挑戦する心」は,はたから見ると時に無謀とも映る.身内の私たちですらハラハラすることさえあるほどだ.しかし決断が早いことで得られるメリットも多い.ジュゴンなどの希少動物の入手や海外における調査研究など,当館においてこれまで決断の速さが幸運を呼び込んだ事例は数えきれない.

以上,当館のバックグラウンドを紹介した.蛇足になるが,今後みなさんが水族館を訪問されたり,あるいは共同研究を行う際,このような訪問先の背景を知っておくと水族館スタッフとのコミュニケーションも取りやすくなるに違いない.

鳥羽水族館と研究：研究の先にあるもの

ここまでは,当館が民間会社として研究活動を行ううえで大切にしている「柔軟な発想」の一例として,創業時のエピソードをご紹介させて

いただいた. では, いったい水族館は何のために研究を行っているのだろうか?

一口に水族館といってもその規模や運営主体は様々である. ここでは, 研究の先にはいったい何が待っているのかを考えてみたい.

鳥羽水族館にとっての研究とは?：水族館の設立を促したある人の言葉

現在, 当館が加盟している協会の一つ, 公益社団法人日本動物園水族館協会（以下 JAZA と表記）では, 動物園水族館の役割として「種の保存」「教育・環境教育」「調査・研究」「レクリエーション」の四つが明記されている.

さらに当館が「登録博物館」として加盟する財団法人日本博物館協会においても, 博物館法の規定により, 水族館はいわゆる博物館として位置づけられ,「資料の収集・保管・展示を行い, 社会教育施設として調査研究やレクリエーションなど様々な役割が期待されている」と明記されている. このことからも「調査・研究」は, 私たちにとって事業を継続するうえで必要不可欠な存在といえる.

おそらく鳥羽水族館に限らず多くの動物園水族館は,「種の保存」や「環境保全」といった社会の諸問題と「調査・研究」を独自に繋ぐことで, 各施設の存在価値の創出と事業の継続を見出そうとしているのではないかと私は考えている.

少し話はそれるが, 創業者の自伝に鳥羽水族館設立の初心として次のような文言が記されているのでご紹介しよう. それは,

「海の生きものを通じて人々に夢とロマンと知的好奇心を売るユニークな博物館活動を展開し, 得た利益はすすんで学術研究に投ずる」

というものである. これは当館の開館前, 創業者が, 当時財界の大御所であり海外の博物館に精通していた渋澤敬三氏からいただいた言葉「まず儲けなさい, 利益が出たらその利益を惜しむことなく学術研究に投入しなさい」から得たものとされている（中村, 2005）. ここで私が強調したいのは, 決してきれいごとではなく, 企業はまず生き残るために「儲け」が大事であるということ. しかしそれは「利益第一主義」ということではなく, 余剰利益を学術研究へ投資することで投資額以上の「もっと価値あるもの」が得られるという考え方なのではないかと想像している.

研究の成果と活用

　水族館における研究テーマは実に様々である．言い換えれば，対象動物と研究者のアプローチの数だけテーマが存在するわけで，むしろ無限大といっても良いだろう．

　オーソドックスなものでは，水族館の特性を最大限に生かした行動観察を伴う研究．これは，動物の生態の解明に関わる重要な基礎研究といえる．中でも動物の求愛行動から交尾・出産（産卵）・育児（発生）などの繁殖に関わる研究事例は件数も多く，希少動物の繁殖や，その先にある人工哺育に関する知見などは，種の保全や野生動物の導入抑制，保護された傷病個体の野生復帰にも繋がる重要な研究の一つである．

　その他にも音声や体の機能を調べる研究，体毛や皮膚など体の一部からDNAの抽出，血液・便・尿などの派生物を分析する研究も盛んだ．DNAといえば，最近流行の環境DNAの研究においても，プライマー作成のための試料提供元として対象個体のDNAを含む飼育水や派生物が有効に活用されている．ちなみにプライマーとは，人工的にDNA

図6.5　貴重なジュゴンのあくびの写真（写真提供：鳥羽水族館　半田由佳理氏）

第6章　知れば知るほどおもしろい，水族館の裏話

を増幅させる反応（PCR）において，連鎖反応をはじめさせるための
DNA断片であり，これと配列がピッタリ合う対象動物のDNAが存在
しないとPCRは進まない．

　他にも病気の治療に関する研究がある．特に動物に無理強いせずに採
血や体重測定といった健康管理を行うためのハズバンダリー・トレーニ
ングは，「受診動作訓練」ともいわれ，対象個体に負担のかからない治
療へのアプローチとして，最近では動物福祉の観点からも特に重要にな
ってきている．

　水族館における研究の最大の利点は，動物の行動を24時間人の管理下
に置くことができる点にある．当然飼育下という特殊な環境下であるこ
とを念頭に置く必要があるものの，そもそも野生下では観察することが
困難な種から多くの知見を得られる意義は大きい．

　たとえば近年，三重大学との共同研究で，ジュゴンの「あくび」が世
界ではじめて確認され話題になったが，これは24時間観察が可能な水族
館ならではの成果の一つであると私は考えている（図6.5）．

水族館の飼育動物はどこから来るのか？

　水族館には海獣類だけでなく，実に多くの水生生物が飼育されている
が，それらは一体どこから来るのだろうか？　水族館により多少入手方
法は異なるであろうが，鳥羽水族館の例をあげてご紹介しよう．

野外からの採集

　飼育係が生物を野外で採集し，水族館に持ち帰る方法．水族館では昔
から行われている最も基本的な入手方法である．一例であるが，磯や堤
防でのクラゲ採集，イカの釣り採集もこれにあたる．また自ら採集しな
くとも漁師の船に同乗し，漁獲物の中から不要物を分けていただく場合
も私たちは「採集」とよんでいる．ただ，どのような場合でも地元漁協
や漁業者との調整は必要となる．

　採集の利点は，採集者（飼育係）自らが動物たちの生息環境を知るこ
とができる点にある．海なら磯や干潟，内陸では川やため池，田んぼな
ど，生物が生息するフィールドは身の回りに無限に存在する．生物の生
息環境を知れば，自分が担当する水槽のレイアウトや飼育方法の参考に
なることは間違いない．

また本来，鯨類を自由に捕獲することは法律で禁じられているが，当館は研究活動の推進と教育展示を目的として2004年9月に農林水産大臣にスナメリの特別採捕を申請し，漁業者の協力のもと，他の水族館と共同で伊勢湾のスナメリを採捕した経験がある．

繁殖

自然繁殖は，動物園水族館において，飼育生物を増やすための最も理想的な方法である．特に哺乳動物では，ホルモン値のモニタリングや繁殖プールの設置など，繁殖計画を立て周到な準備を行う必要がある．当然出産後の母仔の個体管理体制も重要となり，育児放棄や個体の健康状態によっては人工哺育となり，24時間体制で飼育管理を行うことも考えられる．

また繁殖を目的として国内外を問わず水族館や動物園同士が，飼育動物の貸し借りを行う契約のことを指す「ブリーディング・ローン（以下BLと記載）」は，自館に繁殖相手がいない場合や仔と親を分離して母親の発情を促す場合など，各園館独自の繁殖計画のもと，実施されることが多い．種によっては，JAZAの種別計画管理者が定めた繁殖計画に基づいて行われることもある．あらかじめ契約により，誕生した子どもの所有権や様々な取り決めをしておくことで，後々のトラブルを防ぎ双方の利益となる．輸送中のリスクはあるものの，希少動物の繁殖や動物福祉の向上，近親交配を避け遺伝子の多様化にも繋がることになる．

自然繁殖以外では，現在様々な動物園水族館で取り組みが行われている「人工授精」は，希少生物を野生や他施設から移動させることなく入手できる重要な手法の一つであるといえる．日本ではJAZAと環境省の協力のもと，その成果が報告されている．この他，一般社団法人日本水族館協会（以下JAAと表記）では，すでにイルカの人工授精に成功している水族館をモデルとしたセミナーやシンポジウムを開催し，情報や技術の共有化をはかることで，積極的にその繁殖推進に取り組んでいる．

繁殖への取り組みという点では，同じくJAZAと環境省が連携する種の保全事業の内，絶滅の危機に瀕する希少生物を安全な施設に保護し，それらを繁殖させることにより絶滅を回避する「生息域外保全」が実施されている．

購入

　最も手軽な方法である．実際，多くの飼育動物は，動物商など専門業者はもちろん，地元の漁業協同組合や漁師，あるいは同業の水族館動物園など，実に様々なところから購入されている．

　ちなみにイルカに関しては，現在和歌山県太地町のイルカ漁で捕獲された個体が水族館用に販売されているものの，JAZAはそれらのイルカの飼育を禁止しているため，加盟園館以外の施設が必要に応じてそれらを購入しているにすぎない（溝井，2018）．

　余談だが，現在絶滅危惧種に指定され，ワシントン条約（絶滅のおそれのある野生動植物の種の国際取引に関する条約）において輸出入が厳しく規制されているジュゴン．日本が条約に批准する1980年以前の1977～79年にかけて当館へ搬入された計3頭のフィリピン産ジュゴンは，動物商からの購入によるものだった．

保護

　野生下の動物が，何らかの事情で傷付いたり，衰弱したりしているところを人に発見され，水族館に連絡が入ることがある．職員が現地に急行し対象個体を確認するのだが，現地での治療が難しい場合，いったん水族館に引き取ることがある．例は少ないが野生動物が保護された場合，多くの場合すでに衰弱していることが多く，仮に傷病個体を水族館に引き取った場合，救命措置や手当は館側にとって大きな負担となることがある．

　違法行為の発生に伴う保護もある．たとえば希少生物が国際法に違反し国内へ持ち込まれ没収された場合，経済産業省とJAZAの申し合わせにより，寄託動物として水族館や動物園に預けられることがある．この場合，占有権は各園館に発生するが，所有権はもちろん国にある．

　また，これとよく似たケースとして，国内のペットショップが警察から摘発され，動物が没収される場合がある．それらは近隣の水族館や動物園に一時的に預けられることもあるが，店側が所有権を放棄した場合，私たちが動物をそのまま飼育することもある．

その他

その他の事例として,「道端でカメが歩いていた」とか,「珍しい色の
カエルを見つけた」といったとき,動物たちにとっては迷惑な話なのだ
が,水族館に「迷子」として持ち込まれる場合だ.水族館ではそのよう
な場合,基本的に受け取りをお断りしているが,外来種で危険なワニガ
メやカミツキガメなどが拾得物として所轄の警察や保健所に持ち込まれ,
水族館に引き取り依頼の連絡が入ったりすると,やむなく引き取ること
もある.

また,一般のペットとして飼われていた動物が,飼い主の都合で水族
館へ持ち込まれるケースも少なくない.

今後どうなる？　水族館の動物：次第に困難になる動物の入手

近年,動物の入手が難しくなったといわれている.地球規模で希少種
を保全しようという観点から,生物の乱獲に対しても様々な規制がかけ
られ,捕獲そのものが厳しく制限されるようになってきた.世界の動物
市場に詳しい同僚に聞くと,開口一番,「ブラックマーケットで暗躍す
る悪徳業者の横行と,それに対する規制強化の影響が大きい」という答
えが返ってきた.巧妙な手口で違法取引される希少生物達.それを取り
締まろうとする各国政府との〝イタチごっこ〟のあおりで世界的に動物
の輸出入に関する法規制がどんどん厳しくなっているのだそうだ.公正
な取引を行っている者にとってははなはだ迷惑な話である.

また豊かで多様な生物相を持つ熱帯雨林やサンゴ礁を有する途上国の
環境意識の高まりも見過ごせない.近年世界的に問題になっている焼き
畑による熱帯雨林の消失や,温暖化によるサンゴ礁の消失は,それらを
保有する国だけでなくもはや世界的な社会問題である.

生物多様性の持続的利用は資源国と利用国の経済格差が色濃く反映さ
れるといわれており,遺伝資源を保有する国はそれらを国家的主権のお
よぶ財産として捉えはじめている.環境省は,遺伝資源取得の機会とそ
の利用から生ずる利益の公正かつ衡平な配分（Benefit-Sharing）は生物
多様性の重要課題の一つであると位置づけ,海外の遺伝資源を利用する
場合には,関係する国際ルールや遺伝資源提供国の法令を遵守すること
を求めている（環境省, 2023）.今後ますます国外の動物が入手しにく

くなっていることは明白である.

　最後に，地球温暖化による生態系への影響も忘れてはならない．地球
規模の海水温の変化は海の生物に様々な影響を与えており，明確な原因
は不明だが，今まで目の前の海で獲れていた魚種が突然姿を消したとい
う話はよく聞く．いずれにせよ世界的な温暖化は，長年にわたって続い
てきた地球の生態バランスを根底から狂わそうとしていることはまぎれ
もない事実である.

水族館と共同研究：相手の本音がわかれば仲良くなれる

1．共同研究のメリットの理想は両者ウインウインの関係

　野生動物を研究対象とする者にとって，水族館は希少動物を身近に観
察することができる絶好の場であるだけでなく，館の許可さえあれば生
体から組織や派生物を採取することも可能な利用価値の高い"フィール
ド"であるといえる.

　一方，水族館側にしてみれば多忙な日常業務の中，最小限の人手と手
間で研究が進められるメリットは大きい．また共同研究の内容によって
は，ホルモン値やDNAの解析，細菌やバクテリアの検出や同定作業など，
多大な費用と手間を要する作業がほとんど依頼者側で行われるので，人
手も設備もない私たちにとっては非常にありがたい話である.

　実際，潤沢な資金のある水族館は別として，基本的に水族館単独で実
施できる研究というものは極めて限られている．当館ではかつてジュゴ
ンやオウムガイなど海外の希少動物を導入する際，それら野生動物を管
轄する現地の行政や水族館と連携し，必要に応じて生息調査や生態調査，
飼育技術の移転などを行ってきたが，これはもはや戦略的な長期プロジ
ェクトであり，友好提携といった方が正しいかもしれない.

　余談だが，最近の共同研究依頼の中には，動物を研究対象とはせず，
展示手法や飼育設備，観覧者の意識調査や動物福祉に関すること，ある
いは災害時の動物の安全管理に関することなども多く舞い込むようにな
った．もちろんこれらの多くは，アンケート形式による回答や協力を求
める場合がほとんどなので，当然内容を吟味したうえで取捨選択するこ
とになる.

2．共同研究で大事なこと：よい関係を維持するための心得

　共同研究を行ううえで水族館側の都合も話しておきたい．先にも述べたが，研究者と水族館が互いに協力することで，社会が求める「種の保存」や「環境保全」に貢献できるならば，これは双方にとって理想的な協力関係であるといえる．しかし一方で，持ち込まれる研究が水族館側の企業価値の向上にいかに寄与し，営業利益にどう結びつくのかということもまた私たちにとって非常に重要なポイントである．研究者は，研究の方向性やテーマを検討する際，相手水族館の飼育動物の種類だけを見るのではなく，研究業績やその背景的な情報も事前に確認することをお勧めする．そうすることで，自身の研究がその水族館にマッチしているかどうかを知ることができ，後々の実験もきっとスムーズに行うことができるはずだ．

　さらに良きパートナーとなるために重要なことは，対等の立場でお互いをよく理解し尊重するということである．水族館内で行われる共同研究であれば，研究者は水族館という場所をよく理解する必要がある．そこは日々たくさんのお客様が入館料を支払い，癒しや楽しさを求めて訪れる場所である．当然お客様に不快な思いをさせるようなことがあってはならない．一方，水族館側もまた研究者の立場をよく理解する必要がある．限られた予算と時間の中で，彼らが効率よく実験を行えるように最大限の協力をすることは当然である．研究者が学生であれば，水族館側には，実験の機会を通じて社会ルールの基本である「あいさつ」や「報告・連絡・相談」といった社会人としてのモラルやスキルを彼らにきちんと指導することも重要である．そのため，水族館側のスタッフは自らを手本とし，相手の年齢に関係なく礼節を持って接することを求めたい．

3．共同研究の進め方：大切な飼育係と研究者のコミュニケーション

　民間であれ公的機関であれ，水族館は一つの組織である．そこには当然ルールや手順といった「組織の規則」が存在することは前項で触れた．ここでは実際，水族館との共同研究はどのように進められているのかということを知っていただくために，参考として鳥羽水族館の共同研究の進め方の手順をご紹介したい．

　手順としては，まず依頼者がメール等で研究の概要と実験の内容を水族館側に打診し，水族館側がその実験が可能かどうかの判断を行うこと

第6章　知れば知るほどおもしろい，水族館の裏話　　**191**

からはじまる．その際，もし研究者が学生であれば，必ず指導教官からの依頼状が必要である．水族館側は実験内容について様々な角度から協議し，「実施可能」との判断が下れば依頼者に「実験計画書」を作成してもらい，実際に水族館に来て詳細を説明していただくという流れになる．ここで注意していただきたいのが，別の研究者が先行して類似研究を行っている場合である．その場合，後々トラブルの元となる可能性があるので，依頼をお断りする場合もあることを付け加えておきたい．

最終的に受け入れ可能と判断された場合は，「共同研究申請書」および「誓約書」に所定事項を記入提出し，具体的に実験の準備に入る．場合によっては対象動物や実験場所の確認も行い，希望する実験が可能であるかどうかのチェックも必要である．

私は常々実験を進めるうえで，研究者と飼育係のコミュニケーションが重要だと思っている．飼育係は日々動物の行動を観察し，誰よりもその性格や状態を熟知している．そんな彼らからどれだけ情報を得られるかが，実験を成功させるための秘訣だと思う．彼らとの意思疎通は，共同研究では必要不可欠だと考えて接して欲しい．

実験が無事に終了したら，最後は結果の報告である．結果がまとまった段階で，水族館に報告書（卒業論文の写しなども可）を提出していただく．最近ではオンラインの場合も多いが，水族館に来て対面で報告していただけると理解も深まる．

この手順は，あくまでも当館の例であり，各水族館によって共同研究の手順は様々であることは当然である．

参考までに当館の「共同研究申請書」と「誓約書」のフォームを図6.6および図6.7に示しておく．

鳥羽水族館における研究の具体例

鳥羽水族館で行われる「研究」の形態は様々だが，その実施者で見ると大きく二つに分けられる．職員が主体となって行う自主的な研究と，大学や研究機関などが当館の飼育動物を研究対象に観察や実験を行う共同研究である．またこれとは別に，水族館の一大プロジェクトとして長期にわたり海外の水族館や政府と協力しながら調査や研究を行うこともあり，ジュゴン，イロワケイルカ，オウムガイ等の例がこれにあたる．ここでは過去の主な研究および近年の研究の一部をご紹介したい．

共同研究申請書　　　　　　　　　　No.

申請日	平成　　年　　月　　日
申請者	（所属） （氏名）　　　　　　　　印
研究テーマ	
実験期間	年　　月　　日 ～ 　　年　　月　　日
実験参加者の氏名	
区　分	一般研究・卒業研究（大学・専門学校）・修士論文・博士論文 その他（　　　　　　　　　　　　　　　　　　）
主な実験内容	
誓約書の記入確認	
当館担当者	
当館共同研究者	
実験データを使って執筆した論文等	
その他	

※申請者は太枠内に記入し、鳥羽水族館へご提出ください。
※本申請書は、当館担当者および当館共同研究者を記入後にコピーをお渡しいたします。

図6.6　共同研究申請書フォーム 鳥羽水族館仕様

誓約書

株式会社 鳥羽水族館
館長　○○○　様

　この度の共同研究においては、下記事項を厳守することを誓約いたします。

記

1. 飼育展示動物や来館者に細心の注意をはらい、貴館に迷惑のないよう実験を実施いたします。

2. 実験中は貴館担当者の指示に従います。

3. 諸事情により実験の中止（あるいは延期）が貴館により決定された場合は、その指示に従います。

4. 実験結果がまとまった後には、報告書を提出いたします。

5. 実験データを使用して、その後に学会誌などに論文を投稿する際は、投稿前の原稿を貴館に提出いたします。また、共同執筆者として貴館共同研究者の名前を加えるよう検討いたします。

6. 実験データを使った論文は、貴館に提出いたします。

以上

令和　　年　　月　　日

（所属）
（氏名）　　　　　　　　　　印
（研究テーマ）

図6.7　誓約書フォーム 鳥羽水族館仕様

1. 鳥羽水族館独自の研究例

　当然ながら飼育係は，動物にいちばん近いところで毎日仕事をしており，必然的に自分の担当動物を誰よりも詳しく観察することができるという特権をもっている．しかし一方で彼らは，飼育動物から得た知見を広く世に知らせるという重要な責任も負っているものと私は考えている．

　参考として当館が，過去3年間に研究会等において発表した研究テーマを表6.1に示した．この他にも鳥羽水族館ホームページから当館年報に掲載された研究報告が閲覧できるので，興味のある方はぜひご覧いただきたい．（https://aquarium.co.jp/more/nenpou/）

2. 大学との共同研究例

　過去5年間を振り返ると，当館は五つの大学と17の共同研究を行っている．対象動物としては，ジュゴンが最も多く，次いでスナメリ，イロワケイルカと続く．その多くは学生の卒業論文であるが，学生が修士課程や博士課程に進学し，さらに修士論文や博士論文となったテーマもある．また東海大学のように根本的なテーマを変えずに，様々な切り口で毎年実験を行っている大学もある．

　参考として過去3年間に行われた共同研究例と研究者の所属を表6.2に示した．

研究の具体例

　鳥羽水族館は，これまで多岐にわたり研究や調査を行ってきたが，そのなかから私の独断と偏見で主な例をピックアップさせていただいた．とりわけジュゴンにおいては，私が入社以来ジュゴンの飼育に携わっていた関係上，少々偏った事例紹介となっていることをご理解願いたい．

世界初の飼育下繁殖：スナメリの研究①

　鳥羽水族館がはじめてスナメリの飼育研究を開始したのは，1993年にスナメリが水産資源保護法の対象種となる以前の1963年9月30日，伊勢湾で操業中のボラ巻網で捕獲された雌雄2個体が漁師によって水族館へ持ち込まれたことにはじまる．以降2004年に農林水産大臣の特別採捕の許可を得て，複数の水族館と共同で伊勢湾産のスナメリを採捕した経緯はあるものの（古田，2014），当館は現在に至るまで途切れることなく

表6.1　鳥羽水族館の過去3年間における参加研究会と発表演題（鳥羽水族館年報 No.16–No.18より抜粋）

開催年月日	発表演題	会議・研究会
2019年		
6月6-7日	コツメカワウソのケージトレーニングについて	第85回近畿ブロック水族館飼育係研修会
6月27-28日	ヤドクガエル類の展示におけるハイブリッドの一事例について	第23回西日本動物園水族館両生爬虫類会議
9月12-14日	熊野灘漸深海帯の無脊椎動物における水族館と研究者の連携	日本動物学会第90回大会2019
11月5-7日	繁殖期におけるセイウチの短期ブリーディングローンの試み	第45回海獣技術者研究会
	繁殖期のミナミアフリカオットセイにおける施設内移動を伴ったペアリング	
2020年		
6月25日	アフリカ産ハイギョ Protopterus aethiopicus の乾眠状態の展示と乾眠からの覚醒について	第86回近畿ブロック水族館飼育係研修会
7月8日	脳炎を疑うラッコミミズクの一例	近畿ブロック動物園水族館臨床研究会
2021年		
6月18日	2021年春の企画展「にゅるにゅるトゲトゲ生物の謎」について	第87回近畿ブロック水族館飼育係研修会
7月7日	バイカルアザラシの人工哺育の一例	近畿ブロック動物園水族館臨床研究会
9月17	深海で落ち葉を紡ぐ多毛類 Anchinothria	日本ベントス学会・日本プランクトン学会合同大会
11月15日	伊勢湾産スナメリの繁殖と成長	第16回スナメリ研究会
11月25日	バイカルアザラシの繁殖成功例	第46回海獣技術者研究会
	人工哺育中のセイウチ幼獣におけるハズバンダリートレーニング	

表6.2　鳥羽水族館が過去5年間に大学と行った共同研究例（2018～22年）

	研究テーマ	分類	研究者の所属先
2018年3月	飼育下かい牛類における前肢を使用する行動に関する行動学的研究	卒業研究	近畿大学農学部水産学科海棲哺乳類学研究室
5月	飼育下スナメリの個体間行動について	卒業研究	東京農業大学農学部バイオセラピー学科
5月	飼育イロワケイルカの社会行動に関する研究：繁殖期・妊娠期・育児期との関係について	卒業研究	近畿大学農学部水産学科海棲哺乳類学研究室
6月	ジュゴンの数の概念について	卒業研究	東海大学海洋学部海洋生物学科
10月	ジュゴンの数の概念について	卒業研究	東海大学海洋学部海洋生物学科
11月	スナメリのあくび様行動に関する研究	修士論文	三重大学生物資源研究科付属鯨類研究センター
2019年5月	スナメリの鳴音コミュニケーションに関する研究	修士論文	三重大学生物資源学研究科付属鯨類研究センター
5月	ハクジラ類と海牛類のあくび様行動について	博士論文	三重大学生物資源学研究科付属鯨類研究センター
6月	イロワケイルカ母子の抱っこ泳ぎに関する研究	卒業研究	近畿大学農学部水産学科海棲哺乳類学研究室
2020年7月	クジラ類における角度と姿勢安定の関係について	卒業研究	名古屋大学大学院環境学研究科
10月	ラッコの環境エンリッチメント　鏡への反応	卒業研究	東海大学海洋学部海洋生物学科
	飼育下の海牛類の認知に関する研究　ジュゴンの心的回転について	卒業研究	東海大学海洋学部海洋生物学科
2021年6月	イロワケイルカの自己認知に関する研究	卒業研究	東海大学海洋学部海洋生物学科
6月	ジュゴンの推移的推論について	卒業研究	東海大学海洋学部海洋生物学科
6月	飼育下セイウチ成獣における行動の日周性に関する研究	卒業研究	近畿大学農学部水産学科海棲哺乳類学研究室
10月	ドローン映像による鯨類のボディコンディションの測定法の開発	卒業研究	東海大学海洋学部海洋生物学科
2022年6月	ジュゴンの推移的推論について	卒業研究	東海大学海洋学部海洋生物学科

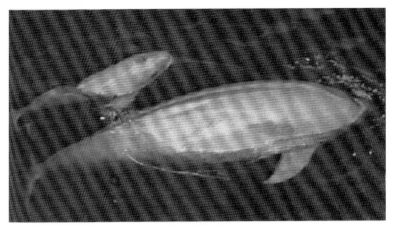

図6.8 飼育下では世界ではじめて妊娠・出産に成功したスナメリの母仔

本種の飼育技術の向上と，生態や行動，生理に関して様々な調査研究を行ってきた．

前述の1963年9月に持ち込まれたスナメリは，いわゆる野生からの"持ち込み腹"で翌年4月に出産したが，当時はコンクリートと鉄柵で仕切られた天然プールであったため新生仔は柵に付着した牡蠣殻で傷付き2時間ほどで死亡した．これを踏まえて1970年に水量400m^{3}のスナメリ専用のプールがつくられ，1976年には飼育下では世界ではじめての妊娠・出産に成功したものの，今度は雌雄混合の多頭飼育となったことから，雄個体による雌個体への育児妨害が原因で新生仔は17日で死亡した．(図6.8)

これらの失敗を教訓に，1977年に念願の200m^{3}の母仔専用プールが作られ，同プールで1979年5月1日に誕生した新生仔は順調に生育したことから，JAZAより繁殖賞が授与されている．

日本初，人工哺育の成功：スナメリの研究②

1990年，当館が部分的にリニューアルオープンされ，スナメリの展示プールが新装された．予備プールを併設し，出産後の母仔が他個体に邪魔されずに授乳できる環境が整っていたが，個体によっては出産後，仔の世話をせずに育仔放棄する母獣がしばしば見受けられ，飼育担当者は試行錯誤しながら人工哺育の方法を模索していた．

図6.9 スナメリの人工授乳風景

　そのような状況の下，2013年5月2日，野生由来のスナメリ「マリン」がメスの赤ちゃんを出産し，授乳も順調にはじまった．ところが，5日目になって母獣が新生仔の世話をやめてしまったのだ．24時間経過しても授乳の様子がなかったことから，私たちは人工哺育を行う決断をした．人工哺育を実施するにあたって，これまでの反省を生かし，新生仔の状態（日々の体重の変化，血液性状，糞便，行動など）の徹底的な把握に努め，それらから得られるデータをもとにミルクの濃度，成分，授乳回数の調整を行った．また授乳にあたっては，医療用カテーテルを使用し，注射器で確実にミルクを胃に送り込む方法がとられた．過去の知見から，生後間もない新生仔は数十分間隔で頻繁に授乳することが知られており，90分間隔24時間体制の授乳シフトを組み哺育にあたった．その結果，徐々に減少していた新生仔の体重も下げ止まり，その後は順調に増加した．
　これらの作業は飼育担当者の力だけでは到底手が足りず，担当外の飼育スタッフはもちろん，日頃共同研究を行っている三重大学の学生たちにも協力していただき何とか成功に繋げることができた．協力していただいた方々には，あらためて心から感謝の気持ちをお伝えしたい．
　現在，スナメリの人工哺育の手法は，スナメリ以外の鯨類や鰭脚類などの人工哺育においても活用されはじめている．まだまだ課題もあるも

のの，今後，育仔放棄された鯨類だけでなく，鰭脚類など様々な種において活用が期待されている．（図6.9）

幼獣の人工哺育と保護活動．凄かったフィリピンスタッフの熱意：ジュゴンの研究（鳥羽水族館×フィリピン環境天然資源省）①

　1985年，当時鳥羽水族館で飼育していた雌雄1頭ずつのジュゴンのうち，メス個体の死亡により，当館の飼育個体はオス1頭となってしまった．しかしジュゴンの繁殖研究は私たちが絶対やりとげるのだという強い気概が当館にはあった．そこで繁殖研究継続のため，生息地域の1つであるフィリピン政府の協力を取り付け，メスジュゴンの捕獲を視野に入れた現地の生態調査を政府と共同で実施することになった．

　それまでフィリピン政府には，海洋生物の保護といえば，ウミガメ類を専門に扱うセクションぐらいしいかなかったが，保護政策に積極的なフィリピン政府は，これを機にジュゴンの保護啓蒙活動を行うための特別チームを編成し，私たちと共に調査や保護キャンペーンを積極的に行った．（余談ではあるが，フィリピン政府は，この共同プロジェクトにより，将来自国のジュゴン保護政策のけん引役となる若い有能な職員を鳥羽水族館へ3か月間派遣し，30年以上経過した現在，その目論見は見事成功している．）

　一方，共同調査チームは，ジュゴンの捕獲を試みるも失敗の連続で非常に厳しい状態にあったが，1986年10月10日，1頭のジュゴンの幼獣が母獣とはぐれ単独で泳いでいるところをチームが偶然発見し，これを保護するという事態となった．ジュゴンはメスで，推定約6か月の幼獣と思われた．授乳の必要があると判断され，私たちが現地の波静かな入り江に網囲いを作り人工哺育を行うことになった．

　当時ジュゴンの人工哺育は，過去にオーストラリアの水族館で行われたことがあったが，短期間で死亡していた．今回給与したミルクは，動物用に調合されたミルクではなく，ヒト用の粉ミルクをベースに家畜餌料用酵母やカルシウムなどを添加した特製ミルクであった．これは私たちが当時ジュゴンの哺育を行った地域が，交通が不便で物資が手に入りにくい"へき地"であったことから，現地で唯一の雑貨店で入手できるミルクがヒト用の粉ミルクだったという裏話がある．しかし，裏を返せば，動物種別に調合されたミルクなどは，近年になって開発されたもの

第6章　知れば知るほどおもしろい，水族館の裏話　　**199**

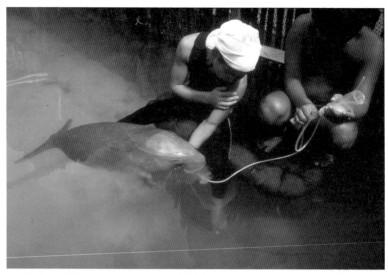

図6.10 保護されたジュゴンに人工授乳を行うスタッフ，フィリピン エルニド

も多く，当時は人間用のミルクであっても添加物などを工夫すれば何とかなるのでは？ といった自信みたいなものが私たちにはあった．

　授乳器具は，ジュゴンの口の形状に合わせて担当者が考案した特製乳首に哺乳瓶を繋いだものを使用し，フィリピン政府スタッフと共同で毎日2回〜5回人工授乳を行った．

　また対象個体は生後半年ほど経過していると思われたが，保護直後わずかながら海草の摂餌も確認されていたため，ミルクと合わせて海草の給餌も行った．海草は飼育場周辺の海域でダイバーの手で採集された混合海草を与えた．

　その後ジュゴンは現地の言葉で「人魚」を意味する「セレナ」という名前が付けられ，人工哺育が軌道に乗りはじめた頃，フィリピン政府より当館にうれしい知らせが届いた．フィリピン大統領の訪日に合わせて，セレナが日比友好の証として日本政府（鳥羽水族館）に寄贈されることになったのだった．セレナは当館待望のメスであったが，まだ1歳にも満たない幼獣のためすぐ繁殖に用いることはできなかったが，いずれはオス個体との間での繁殖が期待できる．そう考えた私たちは，これを水族館で待つオスジュゴンの"お嫁さん候補"として飼育することになっ

た. 1987年のことである. （図6.10）

「セレナ」の排卵周期の研究. オシッコを求めて：ジュゴンの研究（鳥羽水族館×東京農工大学）②

　1986年にフィリピンで保護され，同国より寄贈されたメスのジュゴン「セレナ」は，8歳となった1994年頃から陰核の肥大が周期的に観察されるようになった. 当初「あれは何？」と，生殖器の隙間から顔をのぞかせているピンク色の親指大の膨らみを見て不思議に思ったのだった（恥ずかしながら，それがジュゴンの陰核だということはかなり後になって気付いた）. しかもそれが年間を通じて周期的に見えたり隠れたりするのである.

　ちょうどその頃，東京農工大学の渡辺元先生の研究室から雌ゾウの尿中に含まれるエストラジオール17-βとプロゲステロンの周年変化から排卵周期を調べているということをうかがい，ジュゴンでも将来の繁殖に向けてぜひ共同で排卵周期を解明しようということになった.

　ちなみにエストラジオール17-βは卵胞から分泌される主要な卵胞ホルモンの一種で，雌の生殖腺付属器官を発育させ発情状態を誘起する働きがある. またプロゲステロンは排卵後の卵胞が変化した黄体から分泌され，受精卵の着床・妊娠維持などの作用を持つとされている黄体ホルモンの一種である（八杉ほか，2000）.

　実験の対象個体はもちろんセレナ. 毎週2回のジュゴンプールの潜水掃除後の時間を活用し，セレナを水深約1.5mの予備プールに収容，尿を採取するのである.

　どのように採取するのかというと，まず一人がジュゴンを水深の浅いプールで抱えるようにして仰向けの状態に保定する. このとき，水面上には口の先端と大きな腹部が出ている状態になる. もう一人は，手にフィルムケースを持ちジュゴンの傍らに立つ. （フィルム写真時代，フィルムケースは大量にゴミとして捨てられていた）この状態でひたすらセレナの放尿を待つのである. もちろん，ジュゴンは肺呼吸をするので，定期的にセレナをもとの正位置に戻し呼吸をさせ，再び仰向けにしなければならない. ここでもうお気付きの方もあると思うが，なぜジュゴンが長時間こんなにおとなしく人に抱えられていることが可能なのか？これはひとえにセレナが人工哺育のジュゴンだったからである. 人工授

図6.11　セレナの採尿風景

乳で育っていなければ，これだけ長く保定することはおそらく困難であったと思われる．

　こうしてしばらく待つと，下腹部にある生殖溝の隙間から黄色い液体が噴出してくる．そこをフィルムケースですくい取るのだ．（図6.11）
　また，実験中わかったことだが，ジュゴンは人間と比べると「頻尿」である．20〜30分ごとに尿の排泄が見られる．これもよくよく考えてみると，餌料となる海草成分の90％以上が水分なのだから当たり前といえば当たり前かもしれない．
　ただし注意が必要だ．ジュゴンが呼吸時，腹部を下に向けているときに排尿することがある．そうなるとさらに30分待つことになるので，排尿の予兆を逃さないようにジュゴンの動きに集中することが重要である．排尿まであと何分とわかるようになればベテランのオシッコ・コレクターである．
　実験では1996〜98年まで採取したセレナの尿を分析した結果，定期的なプロゲステロンおよびエストラジオールのピークが見られた．（表6.3）その結果，セレナの排卵周期は約53日ということが世界ではじめて解明され，現在も野生ジュゴンの繁殖生態を明らかにするための基礎データ

202

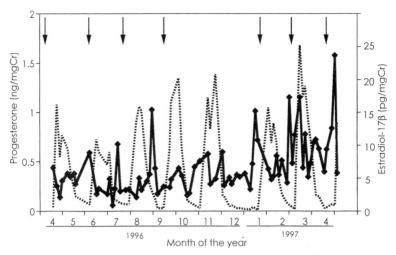

表6.3 セレナのエストラジオール17β（実線）とプロゲステロン（点線）の濃度変化（矢印は陰核の肥大が観察された時期）

となっている（Wakai *et al*, 2002）．

鳴音の研究．ジュゴンの鳴き声は「ピヨピヨピーヨ？」：ジュゴンの研究（鳥羽水族館×京都大学）③

　人魚伝説で知られるジュゴン．ギリシャ神話では，人魚のモデルといわれる妖怪セイレーンがその美しい歌声で船乗りたちの心を惑わせたとされている．そんなロマンティックな話はともかく，その人魚の歌声に取り憑かれた一人の研究者を紹介しよう．その人物の名は京都大学の市川光太郎准教授．彼は同大学情報学研究科の荒井修亮准教授（当時）のもとで，タイをはじめ世界のフィールドでジュゴンの鳴音の研究されている方である．彼は野外での研究の過程において，ジュゴンが「いつ」「どのような時に」「何のために」鳴くのだろうか？　と考え，当館との共同研究に至ったのだそうだ．

　市川氏のプロフィールおよび本研究に至った経緯やその後の活躍については，著書『ジュゴンの上手なつかまえ方　海の歌姫を追いかけて』が2014年に岩波書店から出版されているので興味のある方は是非お読みいただきたい．

　さて，研究の概略を紹介しよう．目的としては，タイで膨大なジュゴ

ンの鳴き声のデータを収集した市川氏であったが、それらはすべて受動的音響観察であった。すなわちフィールドにおいては、音声の発信源であるジュゴンの行動観察ができなかったため、どのような個体がどんなときに鳴いているかということが不明だったのである。それがわからなければ、「なぜ鳴くのか？」という疑問には答えることができないという結論に至ったのだった。すなわち、24時間ジュゴンを観察できる水族館で彼らの鳴音を録音することができれば、録画と一致させることで行動に伴う鳴音を特定することが可能である。しかも、鳥羽水族館には、雄雌一頭ずつペアが飼育されている（当時）。さらに野生ジュゴンと同じ水域で生息し、しばしばジュゴンと一緒に居るところが観察されているアオウミガメも同じプールで飼育されている。このような環境は世界中のどこを探しても鳥羽水族館以外は見当たらない。

　実験は2003年より十数年間にわたり市川氏が中心となり、京都大学の学生が引き継ぎながら実施された。初期の実験対象としては、雄のじゅんいちが選ばれた。実験によるとじゅんいちが鳴き声を発するときは、ほとんどの場合アクティブな行動とされるペニスを壁に擦りつけたり、

図6.12　京都大学実験風景（写真提供：京都大学　市川光太郎氏）

204

ジャンプしたり，抱き枕に抱きついたりするときだった．また雌のセレナも一頭でいるときよりもアオウミガメのカメ吉といるときの方が圧倒的に鳴き声を発していた．つまり鳥羽水族館のジュゴンは，誰かと接触したり，気持ちが昂ったとき（市川氏の表現によると，ムラムラしたり，楽しかったり，嫌だったりと表現されている）に鳴き声を発しているということがわかった．

おもしろいことに，野生ジュゴンの鳴音分析から，ジュゴンの鳴音は，大きく分けて「ピヨピヨ」というチャープと「ピーヨ」というトリルの二種類の音で構成されており，ほとんどの場合その順序が「チャープ」から「トリル」へ移行する形となっており逆はほぼないそうである．よって，音で鳴き声を表現すると，基本形は「ピヨピヨピーヨ」となるそうである（市川，2014）．

このような共同研究は，実際の野生のジュゴンの生態を知るうえで有効な補完データとなり，次の新たな研究にも繋がる好例でもある．今後も水族館が希少野生動物の生態解明や保全に有効に活用されることを期待したい．（図6.12）

数の認知の研究．大学教授を唸らせた天才セレナの底力：ジュゴンの研究（鳥羽水族館×東海大学）④

私がジュゴンの担当として駆け出しの頃，はじめて読んだジュゴンの本が神谷敏郎著『人魚の博物誌 海獣学事始』（1989年 思索社出版）であった．その中の「人魚の解剖学」の章に，ジュゴンとイルカの脳を比較した写真が載っていたのだが，イルカの大脳の表面は発達した複雑な襞が多数見られるのに対し，ジュゴンの大脳表面はのっぺりとしており，まるでジャガイモそっくり．あまりの違いに言葉を失った私は「ジュゴンはおそらく知能が低い動物なのだろう」と勝手に思い込んでしまっていた．あれから三十数年間，ジュゴンと身近に接し，その思い込みは大きな間違いであることに気付かされたのであるが，それを科学的な実験と実証に基づきジュゴンの知能の高さを証明したのが本研究だったのである．

この研究を主導されているのは，東海大学海洋学部海洋生物学科の村山司教授．鯨類の認知科学の第一人者である．当館との共同研究のはじまりは，2005年の卒業研究の一つとして実施された「飼育下のジュゴン

の行動特性に関する研究」に遡る．村山研究室では中長期にわたる実験計画をたて，膨大な試行を繰り返しつつ階段を一段ずつ上るように着実に結果と考察を積み上げ，より高度なそして確実性のある考察を導き出す手法がとられている．

　実験を行うのは，もちろん卒論生がほとんどだが，一つ手順が狂うと取り返しのつかない時間のロスになるので村山教授の厳しい指導の下，学生たちは緊張感を持って真剣に実験に取り組んでいる．

　本実験の概要を説明すると，例としてまず水槽を周回遊泳するセレナに基本図形の描かれたボードと図形のないボードを同時に見せる．そして図形の描かれたボードに吻タッチすればご褒美のアマモがもらえるという基本学習を行う．この基本行動の正解率が高まり学習効果が確認されると，ようやくここからが本番である．段階的に基本図形および対比させる図形の形，大きさ，数，配置などを徐々に変えながらより複雑な問題へと移行し，最終的にセレナの正解率が高ければ認知成功．低ければ認知不能と判断され，レベルを下げて再度実験を行うことになる．

　村山教授の言葉を借りれば，「セレナは天才」だそうである．先生曰く，

図6.13　東海大学実験風景（写真提供：東海大学　村山研究室）

「研究発表で突っ込まれないようにするためには，あらゆるケースを想定して実験を行う必要があるが，セレナは私たちの期待にことごとく応えてくれています」と．

　毎回，実験後の結果報告会の際に，セレナにお褒めの言葉をいただくのだが，実験で使用した複雑な図形を見せられるたびに正直驚いている．自分でも複雑すぎてわからなくなるからだ．あらためて「脳の襞の数」だけで動物の知能は判断できないことを思い知らされている．（図6.13）

イルカの抱っこ泳ぎ．子どもは楽（らく）して泳いでいた：イロワケイルカの研究（鳥羽水族館×近畿大学）⑤

　「抱っこ泳ぎ」という微笑ましいネーミングの入ったタイトルの研究を紹介しよう．実際のタイトルは，「飼育イロワケイルカの抱っこ泳ぎに関する行動研究」．近畿大学農学部水産学科 海棲哺乳類学研究室の酒井麻衣研究室との共同研究の一つで，2015〜16年にかけて学生の卒業研究として実施された．そもそも「抱っこ泳ぎ」という言葉の定義は，母イルカの体側に流れる水流に仔イルカが乗り泳ぐ行動とされており，仔イルカは尾鰭を動かさなくとも母イルカと一緒に泳ぐことができるのである．

　流体力学では，ベルヌーイの定理というそうで，例としては，飛行機や凧揚げの揚力がこの定理で説明できるそうだ．つまり飛行機は翼の形状を工夫することで上下に流れる空気の流れ（風速）の違いを出し，翼の上下から受ける圧力に差を生じさせ揚力を得ているのであるが，イルカの場合も，同様の原理で追尾個体に前方向の力が生じており，結果として仔が母親に引っ張られているように見えるのである．

　出産後，私たち飼育担当者が授乳状態を確認するため母仔の観察をしていると，突然，母親が猛スピードで泳ぎはじめるところを目撃することがある．「そんなに早く泳いで赤ちゃんイルカがかわいそう！」とつい心配になるのだが，心配ご無用．よく見ると母親と仔が，まるで何か見えない紐で結ばれているかのように仔イルカは母親の後をピッタリと吸い付くように泳いでいるのである．水槽壁直前の方向転換も壁にぶつかることなく見事なターンを見せる．

　酒井研究室は，基本的にイルカ類を中心とした水棲哺乳類の社会性をテーマとした研究が多いのだが，今回の研究では，この抱っこ泳ぎがハ

ンドウイルカについての研究しか報告されておらず，新たにイロワケイルカにおける遊泳行動の観察と仔の成長に伴う泳ぎの変化を解明する狙いがあった．

　実験は目視観察とビデオ撮影による解析が行われ，抱っこ泳ぎが1日の観察時間（8時から18時の）間にどれくらいの割合で見られるか？また生後日数の経過によりその割合がどうなるのか？　を調べたものだった．

　結果としては，予想通り仔イルカは，泳力がない1か月くらいまでは抱っこ泳ぎに依存する割合が大きかったものの，1か月を過ぎるとその割合は大幅に減少していった．これは遊泳力の増加に伴い仔イルカが単独で泳ぐことが多くなったものと考えられる．そして当然その分母親の負担は軽減されるが，仔イルカは逆に体が大きくなった分水の抵抗が大きくなっていくことがわかった．

　動物や人間を問わず，すべての母親は子どもがたくましく成長することを願っているはず．仔の独り立ちのときが来るまで，彼らは本能的に

図6.14　イロワケイルカの抱っこ泳ぎ（エシェロンポジション），（写真提供：近畿大学 酒井研究室）

図6.15 イロワケイルカの抱っこ泳ぎ（インファントポジションポジション），（写真提供：近畿大学 酒井研究室）

自分の身を挺して我が子を育てようとしていることを，この抱っこ泳ぎが教えてくれているように思える．（図6.14）（図6.15）

これからどうする水族館

1．今後の課題と展望

今後，水族館における研究がどのように変わっていくのか？ それは，見方を変えれば水族館が今後どのように変わっていくのかということにかかっている．

ネガティブな話で恐縮であるが，現在も未来も水族館が置かれている状況は決して明るいものではないことはすでに述べさせていただいた．世界的な地球温暖化に伴う気候変動や環境保護に対する人々の意識の高まり，乱獲や違法な取引によって年々厳しくなる法規制，さらには昨今の緊迫した世界情勢やコロナ禍による世界経済の沈滞等々，展示生物の多くを自然界から収集し，利用している水族館にとってこの状況は今まで経験したことのない大きな試練となっている．

また，近年話題となっている動物福祉の考え方も今後の水族館経営に大きな課題を投げかけている．新村（2022）は「動物福祉は動物の状態を指し，その状態は快と不快の連続体である」と定義し，「動物の立場に立ち，動物の状態を理解し，動物の状態をよりよくすることが動物福祉の向上に繋がると理解することができる」と説明している．

一方，JAZA でも「動物たちが健康で栄養状態もよく，安全で生得的な本来の行動を発現できるような生活を送ることができる飼育管理の提供」を責務として水族館や動物園に求めている．これは今後私たち動物管理者が，どのように飼育動物を取り扱い，管理するのかということが，厳しい基準に照らし合わせて客観的に評価される時代に入ったといえる．

私はこれからの水族館は，研究活動を自館のブランディングの手段としてもっと活用すべきであると考えている．すなわち研究から得た知見や成果を動物の生息域の環境保全に積極的にフィードバックすることで，水族館のブランド力の強化をはかるのである．一見，地道な取り組みであるが，これこそ世界の多数の人々の共感と支持を得られる確実な手段であり，何より水族館ファンを増やすことにつながるはずである．私は今後大学との共同研究は，水族館の発展のための大きな推進力となってくれるものと信じている．

2．水族館で研究を志す若者へ　失敗を恐れるな！

水族館に限らず研究の意義は様々である．新しい知見を得る「学術的意義」もあれば，社会に貢献する「社会的意義」を持つ研究もある．

もう40年以上前のことになるが，私自身は大学で魚類の増殖学を学んでいた．当時，世界的社会問題であった食糧危機を打開するため，日本人の得意とする先進的な養殖技術の開発こそ問題解決の糸口だと信じ，魚類の養殖技術の開発とその実践に励んでいたのである．

少々キザな言い方に聞こえるかもしれないが，当時私のモチベーションを高めていたものは，「食糧危機から全世界の人々を救いたい！」との一途な思いであったように思う．すべての研究者にそのような思いを持てとはいわないが，せめて私たちが取り組んでいる研究の先には一体どのような「意義」や「未来」があるのだろうか？　ということを心に留めておくことも必要ではないかと思う．

最後に水族館から一言．研究対象となる水族館の動物たちは，あなた

たちの実験を決して順調に進ませてはくれないだろう．むしろ思い通り
に行かないことの方が多いはずだ．しかし，失敗も貴重なデータの一つ
と考え，何事もポジティブに，そして楽しんで実験に取り組めばきっと
有意義な研究生活を送ることができるはずである．

参考文献

古田正美．（2014）．日本のスナメリ最前線② スナメリの飼育と歴史 鳥羽水族館を中心に（吉田英可，古田正美編），海洋と生物，211．Vol.36-No.2, 169-175. 生物研究社，東京．

市川光太郎．（2014）．ジュゴンの上手なつかまえ方 海の歌姫を追いかけて．岩波書店，東京．

環境省．（2023）．遺伝資源の取得の機会及びその利用から生ずる利益の公正かつ衡平な配分．Access to Genetic Resources and the Fair and Equitable Sharing of Benefits Arising from their Utilization, http://abs.env.go.jp/

溝井裕一．（2018）．水族館の文化史 ひと・動物・モノがおりなす魔術的世界．勉誠出版，東京．

中村幸昭．（2005）．驕るなかれ 鳥羽水族館・夢とロマンの半世紀．中部経済新聞，愛知．

新村 毅．（2022）．動物福祉学 Animal Welfare Science. 昭和堂，京都．

Wakai, Y., Hasegawa, K., Sakamoto, S., Asano, S., Watanabe, G., & Taya, K. (2002). Annual Changes of Urinary Progesterone and Estradiol-17β of the Dugong *(Dugong dugon)* in captivity. *Zoological Science,* 19, 679-682.

八杉龍一，小関治男，古谷雅樹，日高敏隆（編）．（2000）．岩波生物学辞典第4版．pp. 128, pp. 160, pp. 1238. 岩波書店，東京．

第7章

動物福祉と環境エンリッチメントに向けて

村山司

動物の福祉

　近年，動物愛護に関する意識が高まり，動物を対象としたことに対して様々な保護・保全策が講じられるようになってきた．その根拠となるのが「動物の福祉」の考え方である．それは，ヒトが生きていくためにはヒト以外の生命を利用せざるを得ないことは認めつつも，その動物が被る苦痛は最小限に抑えなければならないというものである．

　このことは飼育動物を用いた「研究・実験」においても然りである．飼育個体を被験体として解剖学的な処置によってデータを取るような場合は，特にその手法や実験後の処置には慎重にならないといけない．また，筆者は水族館や動物園で飼育されている動物を被験体として行動実験による研究を行っているが，そうした実験でも動物たちの肉体的・精神的苦痛が最小限であることが求められることに変わりはない．それにはまず，その動物がいかなる状態で飼育・管理されているかが重要な視点である．筆者は研究に使用する動物が適正に飼育されていることを表現するのに，たとえば「（公社）日本動物園水族館協会の定める動物福祉規程に則って適正に飼育・管理された個体」というような説明をすることがある．

　実験自体についても，その研究方法や実験の手続きに問題がないことが求められる．そのため各大学では動物実験委員会のようなものを組織し，研究内容の審査を行っている．審査の内容は各大学などで多少の違いはあるものの，大まかにいって，研究者から提出された実験計画書に基づいて，実験の目的や供試される種の科学的合理性，目的に鑑みた実験の必然性，実験方法の妥当性や目的との整合性，被験体・供試個体の苦痛の有無や，もし苦痛が伴うような場合にはその苦痛を最小限にする方策あるいは排除する方法，実験施設の安全管理などといったことが審査される．そして適正と判断されれば承認番号が与えられる．これが事実上の実験の許可になる．最近は研究成果を論文として投稿するとき，そうした承認番号を記載することが必須とされる学術雑誌が増えている．つまり，そうした審査を経て妥当と判断された研究でなければ論文として認められないということである．こうした仕組みの本来の目的は動物に可能な限り苦痛や負担を与えず研究をすることであり，動物の福祉に結び付くものである．

ちなみに，審査の対象となる動物群は，機関により差異はあるものの，現時点では爬虫類以上を対象としているところが多いようだ．ただ，上述のように，論文を投稿する際に承認番号が求められる以上，たとえ魚類の実験でもそういう審査を経なければならない．

　筆者は行動実験によって動物の認知の仕組みを調べているが，対象は海獣類なので，もちろん，そうした審査を受審している．実験のやり方は非侵襲的なもので，泳いできて何かを選別したり，呈示されているものを選んだりということで，どの行動も動物の自由である．選びたくなければ選ばなければいいし，実験自体をやりたくなければ水槽内を自由に泳いでいればよい．あるいは鏡をただ置いておいたり，何か道具を水槽に浮かべておいたりするような実験でも，それを見に来るのも来ないのも，あるいは，それに触れるも触れないのも動物の勝手．実験に際して保定や束縛あるいは行動の制限などはなく（そもそも実験者が動物自体に触れることもない），もちろん苦痛もないので麻酔を使って……などということもない．したがって，動物にとって心理的・肉体的ストレスは生じない．

　ただ，十数年前に行ったような古い研究になると，こうした審査を経ないで実験をしているものが多く（そもそもこうした審査制度が一般的でなかった時代の研究もあるので），そういう成果でまだ論文として公表していないものも少なくない．動物実験委員会では実験内容を遡って承認することはできないため，そうした古い時代の成果を論文にすることはなかなか難しい．

　なお，「動物の福祉」という言い方にも，近年，議論がある．動物に対して「福祉」という表現が妥当かということで，「アニマルウェルフェア」という言葉が用いられることも増えてきた．

環境エンリッチメントに向けて

　かつて動物を飼育するうえで重視されていたのが「繁殖の成功」と「病気の回避」であった．そのため飼育施設は衛生的な面を考慮し，飼育場所は掃除のしやすい単調な作りにならざるを得ず，その結果，そうした環境に置かれた動物に異常行動が出ることも少なくなかった．そこで動物福祉の観点から，動物たちに心理的な幸福を与えるため動物を動物らしく飼育するという気概が生まれた．もちろん，今でも「繁殖」と「健

康維持」は重要な命題であることに変わりはないが，水族館や動物園の長い努力の結果，飼育や健康管理の技術が大きく向上し，こうした問題も格段に改善・進歩した．その結果，動物たちの「こころ」に目を向けられるようになり，そこで注目されるようになったのが「環境エンリッチメント」である．

　動物を動物らしく飼育するには，本来，その動物が生息している環境に近づけることが望ましいので，できる限り野生の生息環境を再現してやればよい．しかし，水族館に「海」を再現することはできないし，海から遠く離れた地で海の中そっくりの環境を作り上げることにも限界がある．それに経済的な面の負担も膨大である．であれば，たとえまったく同じ環境を準備できなくとも，それぞれの動物にとって本来の生息環境の何が重要なのかを考え，それと機能や特性が同じであれば「代用品」でも環境エンリッチメントの素材となり得るはずである．

　こうした考えのもとで環境エンリッチメントに関する実験を行ってきた．環境エンリッチメントにはいくつか観点があるが（松沢，1999），それらのうち，餌の獲得に関する「採食」の工夫，おもちゃとなる道具を与えたり，知能テストのような実験をしたりする「認知」課題，複数の個体を一緒に飼育する「社会」の構築などの点に関して実験を試みたので，その一部を紹介したい．ただし，水族館においてまだ環境エンリッチメントという認識がほとんど浸透していない2000年代初頭の成果である．

摂餌に対する負荷

　野生のイルカは餌を求めて四六時中泳ぎ回っており，索餌行動にかなりの時間と労力を割いている．一方，飼育下では，動物が自ら索餌する機会は乏しく，いわば，じっとしていても餌が手に入る．こうした野生とは大きく異なる環境にある飼育下のイルカに対して「苦労して餌を取る」という行為を課すことは野生の状況を反映する一つの手段と考えることができる．すなわち，採食にかかる負荷を再現する試みが採食エンリッチメントとなる．そこで飼育下のイルカを対象として，実験的に摂餌に負荷をかける試行を行った．「餌が見えているのにすぐには取れない」という状況を設定し，イルカの反応を観察した．見えているのに獲得しにくいことにより摂餌に必要な時間を伸ばすことになり，イルカに

は多様な刺激となる.

氷の餌

餌（サカナ）を封入した氷と何も入っていないただの氷を水槽に投与し，それに対するイルカの反応を観察した．餌が封入された氷のほうは，イルカにとって餌は見えているが氷が溶けるまでそれを食べることができない．水槽には数個体のイルカがいたが，餌があろうがなかろうが氷にはまったく近寄らないイルカといずれかの氷に触れるイルカとがあった．このうち，後者（氷に触れるほうの個体）はさらに，主に「魚あり」の氷に触れる個体と何も入っていないただの氷に繁く触れる個体とに分かれた．つまり，氷に関心を持つ個体とまったく関心のない個体とがあり，氷に関心を持った個体は，餌があるほうの氷にだけ強い関心を持つものとただの氷に関心を示す個体とに分かれた．さて，こうした結果はどのように解釈できるだろうか.

まず，餌の入った氷に関心を持ったイルカは氷から顔を出した餌をくわえて氷を振り回すなどしており，氷を「摂餌の対象」と捉えていた．氷が溶けるまでの時間，餌に盛んに行動を仕掛けており，「摂餌時間の伸長」という効果となっている.

一方，餌には関心がなく氷だけに関心があった個体は，氷を吻でつついたり水を噴きかけたりしており，おそらく「遊びの対象」として捉えたに違いない．時間とともに形も変わり，変幻自在に動き回る「氷」がとても刺激ある遊び道具に見えたのかも知れない.

給餌装置を使って

次に，少し餌の取り方に負荷が生じる算段を考えた．南知多ビーチランドでバンドウイルカを対象として，餌が見えているが取りにくい場合と餌が見えないが取りやすい場合とでどちらを選択するかといった実験をした．太い透明のビニールのパイプに餌を入れて，一方は大きな穴を開け餌が取り出しやすくし，もう一方は穴の大きさをと小さくして餌が取り出しにくくした（図7.1）．するとイルカは，最初は試行錯誤していたが，やがて餌が取りやすいほうの装置に集中するようになった．ここで重要なのはそこに至るまでのこの「試行錯誤」．イルカにとっては餌を得るためにあれやこれやと苦労したに違いない．そうして，やがて適

図7.1　様々な餌の呈示装置とイルカの行動

正なほうを選択したことになり，それだけ行動のパターンが増えたはずである．

次に，餌が見えるものと餌が見えないものを作り（図7.1），イルカに呈示することにした．先ほどの太い透明のビニールのパイプに餌を入れて，そのままにしたものと，テープを巻いて中が見えにくくしたものとを作り，イルカに呈示した．どちらも穴は大きく，餌は取りやすい．その結果，いずれのものにも興味を持って接していた．餌が見えないほうについては，おそらく色々やっているうちに餌が出てくることを学習したのだろう．そうした葛藤が動物にとっては刺激になる．どちらも餌が出るのであれば，見えないほうの装置はもはや遊び道具と化していたのかもしれない．

他にも，しまね海洋館ではシロイルカで道具を使用した実験を行った．ここでは，同じく餌が手に入るとしても，何か負荷があるほうが動物にとっては良い刺激になることなどがわかった．

他の動物でも

環境エンリッチメントの対象は鯨類ばかりではなく，ラッコでも実験を行った．

鳥羽水族館のラッコの水槽では陸地に丸太が置かれていたので，そこに餌を取りやすくしたタッパーと蓋の仕方を工夫して餌を取り出しにく

くしたタッパーとを設置し，どのように中に入っている餌を取るかを観察した．

　水中で泳いでいるラッコは水から上がって餌を取りに行かなければならないが，器用にタッパーを開けて餌を取る様子は実験でしかお目にかかれない光景である．結果的には開けにくいタッパーほど餌を取りに行く頻度が減少していたものの，それでもタッパーを開けに行く行動が見られた．タッパーを開けるということ自体が負荷になるので，ラッコにとっては刺激的な課題だったのではないだろうか．ちなみに，おもしろいことに，ラッコは取り出した餌はすぐに食べないで，必ず水に戻ってヒトが近寄れないくらい陸地から離れた水上で食べていた．こういう習性は野生動物としての警戒心なのかもしれない．

　静岡市立日本平動物園ではゴマフアザラシにおいて負荷と報酬の関係について実験的な検証をした．簡単にいえば，同じ餌でも簡単に手に入るのと，少し苦労して（行動上の負荷を経て）手に入れるのと，動物はどちらを好むのかという実験である．結果は後者．なかなかおもしろいものだが，やはりイルカやラッコと同様に，ちょっと苦労するくらいのほうが動物には刺激があって良いらしい．

認知実験：道具

　認知エンリッチメントには色々なやり方があるが，道具を与える実験と認知的な課題を回答させる実験を試みた．

　まず，道具について．

　どこの水族館や動物園でも動物に刺激を与えるために道具を与えているところが少なくない．それはボールだったり，タイヤだったり，三角コーンのようなものだったりと様々．イルカはこれらの道具で器用に遊んだり，鰭や口に引っ掛けて泳いだりと，いかにも楽しそうだ．あるいはボールでヒトとキャッチボールをしたりすることもあり，実に多彩な行動を見せてくれる．器具や道具を投入することにより，動物はそれをもとに様々な行動を展開でき，行動を増やすこと，すなわち行動を保障するという意味がある．

　ところで，そもそもこうした道具に対して，イルカはどういう興味を示すのか，それを調べてみた．横浜・八景島シーパラダイスのバンドウイルカの水槽に様々な道具を投入して反応を観察した．塩ビパイプやホ

ース，そしてパイプとホースを組み合わせて海藻っぽくした「擬似ワカメ」など，いくつか道具を水槽に入れてみた．すると，まず，道具によって嗜好性に違いがみられた．ただ浮いているだけのパイプなどにはあまり興味を示さない．イルカは海藻で遊ぶことがあるからということで海藻に似せた「擬似ワカメ」なるものを入れてみたが，まったく遊ばない．どうやら偽物とバレているらしい．これに対して，ホースではよく遊んだ．グニャグニャといろんな形になるのが楽しいみたい．また，別の水族館で行った実験では中性浮力の浮いたボールやくわえて沈めてもすぐ浮いてしまうフィン（足鰭）などではよく遊んでいた．沈むような，沈まないような，思い通りにならない不規則さが楽しいらしい．もちろん，個体による嗜好性の違いもある．新江ノ島水族館で行った実験では，投入した道具に対して個体によってよく遊ぶ道具が違っていた．どうやら道具の好き嫌いがあるらしい．

　しかし，そもそも道具で遊ぶ時間というのは，実は観察全体の10％くらいしかない．要するに，すぐに飽きる．これはおそらく多くの水族館の人は経験があることだろう．ただ，子イルカは観察時間の50％近く，道具で遊んでいた．どんな動物でも子どもは好奇心が強いらしい．

　時間の長短はあれ，飼育下の動物にとってはこのように様々な道具を投入することは，くわえたり，つついたり，沈めたり……と，「行動を増やす」ことになり，極めて効果的である．ただ，動物の安全上の問題や施設の保全・保安上の目的から，夜間や飼育職員の目が届かなくなる状況では投入した道具は水槽から回収せざるを得ない．

　鳥羽水族館では2012年にラッコで道具についての実験を行った．鳥羽水族館には3個体がいたので，道具を与えたらどういう遊びをするかということを観察した．ラッコはイルカと違って四肢があるので，前肢を使って抑え込んだり，前肢で道具を抱えたままくるりくるりと回転してみたりと，実に器用に遊んでいた．

認知実験

　認知実験……すなわち，動物に何か課題を出して正しい反応をしたら餌を与えてその反応を強化するというような実験である．このとき，その課題の難易度や複雑さを様々に変化させると動物は「考えて」行動しようとする．そして考えた結果正解し，餌を与えられると，そこでまた

意欲が高まる．こうした実験は，見方によっては動物の知的特性を測定するという意味があるが，別の見方をすれば「考えさせて餌を取らせる」というエンリッチメントとして重要な役割が含まれている．自分の努力が報酬に結びつくという意欲をイルカに持たせるうえでは効果的である．具体的には，本書の前章で紹介しているような，何かを識別したり呈示刺激に応じて行動したりするようなものがある．

また，鏡に対する認識（「鏡映像認識」とよばれる）といった実験もこの範疇になる．前章でも触れように，鏡に反応がある個体は何度も寄ってきては鏡の前で様々な行動を示し，時には呈示時間中，ずっとかぶりつきでいることすらある．鏡像を自分自身と認識しているかどうかはともかくとして，少なくとも鏡の中の像がその個体のよき「遊び相手」になっているように思える．

ただ，認知エンリッチメントは，実験期間が長期にわたることや世界的にも研究者が少ないことから，水族館での実践例は決して多くはない．

どちらが好みか

ところで，動物にエンリッチメントの施策を講じるとき，どういうやり方がより効果的だろう．そこで，視覚に訴えるだけの刺激と直接接触できる刺激を同時に呈示して，イルカの行動を調べた．実験は単純で，鏡の呈示と道具の投入を同時に行い，イルカがどちらにより関心を持つか，その滞在（鏡の前にいる時間）と接触（道具に触れている時間）の時間を比較した．実験したのはしまね海遊館のシロイルカ．最初はいずれにも興味を持っていた様子がうかがえたが，やがてほとんど道具のほうに集中していった．鏡はチラッとのぞく程度で，すぐにまた道具のほうへという結果であった．また，横浜・八景島シーパラダイスのシロイルカにはガラス面の外でうちわやバスタオルを振り回して興味を引こうとしたが，ちっとも関心を示さず，道具のほうへ行ってしまった．いずれも，やはり視覚だけの刺激より，直接自分で触れられるもののほうが刺激的のようだ．

それではということで，ただ浮かべておくだけの道具と少しだけ負荷をかけた道具ではどうだろう．氷詰の餌を浮かべておくのと，呈示されたバーにタッチしたら餌が与えられる課題のどちらを選ぶかというもの．氷詰（図7.2）のほうは，前述の通り．たいして苦労することもな

図7.2 氷詰されたエサ

く，時間が経てば餌が手に入るが，課題性のほうはその課題をクリアすれば餌が手に入る．これは鴨川シーワールドのバンドウイルカで行ったが，やはり後者のほうがより選ばれた．同じく餌が手に入るなら，ちょっと苦労するほうがよいということか．しかし，しまね海遊館で行った実験では結果が逆で，氷詰のほうがよく選択されていた．これは前述のように，餌というより，遊びの対象と化したのかもしれない．

複数頭で飼育すると

　たいていの水族館では複数の個体を一つの水槽で適正な密度（動物たちのストレスにならない密度）で飼育している．そうしたイルカたちを見ていると繁殖行動や種々の社会行動などの個体間行動が頻繁に見られ，イルカたちが盛んにやり取りしている様子がわかる．では，そうした多頭飼育された場合と単独で飼育されている場合とではどのような違いがあるのだろうか．また，どうやってそれを検証したらよいだろうか．

　そこで，イルカが単独で飼育されている水槽と大勢のイルカがいる水槽とで，道具に対する遊び方の違いを比べてみることにした．方法は単

純で，イルカが1個体しかいない水槽と多数いる水槽に道具を入れてみるだけ．実験したのはコビレゴンドウとバンドウイルカ．

コビレゴンドウが1個体しかいない水槽（たまたまそういう状況になった）に浮きを投入してみた．この浮きは度々水槽に投入したことがあるので，イルカにとっては見慣れたもの，馴染みのものである．その個体は浮きをつついたり，なんとなく鰭で押してみたりといった，数種類の行動を見せた．ただ，活発に遊んでいるという印象ではない．

一方，複数の個体がいるバンドウイルカの水槽には，個体の数の分だけ道具を入れてみた．こちらもいずれも見慣れた道具ばかり．すると，皆がそれぞれの道具を吻でつついたり，空気中に放り上げたり，あるいは個体同士で取り合いしたりしている．にぎやかに，活発に遊んでいる．

このように，単独飼育の水槽と複数飼育の水槽とでは道具に対する反応が明らかに異なっていた．しかし，さらに顕著なのはこれらの水槽のイルカたちにとってはじめて見る道具を入れたとき．まず，単独飼育のほうは見慣れない道具に近寄りもしない．そして遠巻きに見ながら水槽の隅でじっとしている．一方，多頭飼育されているほうには見慣れた道具に混ぜて見慣れない道具を入れてみた．すると近寄らない個体もいるが，中には見慣れていようがいまいがお構いなしで，見慣れた道具同様に積極的にはじめての道具でも遊んでいる個体もいた．

このように，種が違う実験ではあったものの，単独で飼育されていると道具に対する遊び方も単調だし，新しい道具に対しては警戒するだけだが，複数飼育のほうは道具に対する遊び方も多様で，個体間のやり取りもある．多数で飼育されている個体たちが，初対面の道具に対してさほど警戒心もない理由はわからないが，多くの個体がいて道具の取り合いになっているので道具を選んでいる場合ではないとか，他の個体が道具で遊んでいるのを見て道具自体への警戒心が薄れたとか，そんなことかもしれない．こうしたことから，多頭飼育のほうが心理的にも刺激があり，社会性も育まれやすいことがうかがえる．ただ，飼育個体同士のパワーバランス，ハイブリッド問題，ショーへの参加個体の組み合わせなど，その個体構成に苦慮する面も多々あり，「たくさんで飼えば良い」とはいかない事情もあることは考慮しなくてはいけない．

第7章　動物福祉と環境エンリッチメントに向けて　　**223**

引用文献

松沢哲郎. (1999). 動物福祉と環境エンリッチメント. どうぶつと動物園, 51, 74-77.

おわりに

　多くの方にとっての水族館は，楽しく動物を眺め，動物に癒される場所なのかと思う．その動物たちをお世話している人たちがいることは知っていても，その動物たちを研究している人たちが水族館の外にもいることはあまり知らなかったのではないだろうか．

　この本では，二人の水族館職員，四人の水族館外研究者がそれぞれの専門，視点から水族館における海棲哺乳類研究について執筆している．また，水族館における海棲哺乳類の飼育や研究について，Q&Aに水族館職員が答えてくれてもいる．研究内容はそれぞれ異なっていても，水族館と外部研究者との協力体制の構築の仕方については共通する部分が多々あったのではないだろうか．水族館における研究は，実に多くの人たちの協力のもとに行われている．大前提として，飼育されている動物たちを良く知り，わかったことが動物たちの飼育管理にフィードバックでき，来館者を含め多くの方々にも還元できることが重要である．本書によって皆さんが水族館での海棲哺乳類研究に興味を持っていただけたのであれば，編者の一人としてこの上ない喜びである．

　もちろん，本書の執筆陣以外にも水族館で研究を行っている水族館職員，外部研究者は少なからずいる．そのうちの何人かは本書でも紹介されている．本書を足掛かりに，水族館でどんな研究が行われているか，関心を持っていただけたら幸いである．水族館によっては，その館でどのような研究が行われているか展示を行っているところもあるので，水族館を訪れた際にはそういった展示にも注目していただきたい．

　研究したら終わりではなく，その内容を専門的な場で発表するのはもちろんのこと，多くの方にわかりやすく発信（アウトリーチ）していかなければならない．残念ながら，今の日本の大学を取り巻く環境は，8割の大学教員が研究時間の不足を実感するような状況である（文部科学省 科学技術・学術政策研究所「科学技術の状況に係る総合的意識調査（NISTEP定点調査2023」より）．私自身もデータを解析して論文を書く時間を確保することに苦戦しており，状況改善を望むところではある．とはいえ，現状でできる限りのことをしなければならない．幸い，本書のような書籍や，水族館が行う講演会，小中高生を対象とした様々な講座，サイエンスカフェなど，近年，情報発信の場は増えてきているように思う．

2010年頃から水族館のリニューアルオープン，街中や複合商業施設などへの新規オープンが増え，水族館を取り巻く環境が変わってきているように感じる．地域の特色ある展示を打ち出しているところもあれば，デジタル技術を活用した演出に特化しているところもある．老舗の水族館の中には予算の面でリニューアルが難しいところもあると聞く．私は水族館が好きなので，研究対象であるイルカが飼育されているいないにかかわらず，全国の様々な水族館に足を運んできたが，施設が古くても魅力的で特色のある展示をしているところはたくさんある．ぜひいろんな水族館を訪れて，それぞれの水族館の良さを感じていただけたらと思う．

私は水族館の水槽の前で，ぼーっと動物たちを眺めているのが好きだ．ぼーっと動物たちを眺めていると，いろんな疑問がわいてくる．私の場合はそれが研究に繋がることがあるが，多くの来館者の方にはそれをきっかけに水族館で飼育されている個々の動物たちに関心を持っていただけたらと思う．各水族館で飼育されている海獣たちは個性的で，それぞれに違いがあり，見ていて飽きない．水族館は楽しく，癒される場所であるが，水の中で生きる動物たちに関心を持ってもらえる場所にもなればうれしい．そして，飼育下の海棲哺乳類の研究をしたいという子どもたちが出てくることを望んでやまない．

本書を刊行するにあたり，以下に掲げる各方面の方々の多大なご協力とご支援を賜った．著者一同，ここに厚く御礼申し上げる．（敬称略）

市川光太郎，一島啓人，伊藤春香，石倉浩（故人），植田啓一，大池辰也，大泉宏，岡本美孝，川久保晶博，神田幸司，北夕紀，栗田正徳，小寺春人，小寺稜，酒井孝，酒井麻衣，佐藤曉一，澤村寛，白形知佳，中悠介，寺沢真琴，寺田修久，富田秀司，永延清和，西垣大地，長谷川修平，古屋充子，松井勉，皆川智子，宮崎信之，森満保，柳澤牧央，山田格（故人），山本桂子

最後に，本書を上梓にあたって多くの方々に大変お世話になった．心より感謝申し上げる．

中原史生

著者紹介

植草康浩（うえくさ　やすひろ）
千葉大学大学院医学研究院博士課程修了，博士（医学）．
大阪大学大学院歯学研究科博士課程修了，博士（歯学）．
医療法人社団千秋双葉会，鶴見大学歯学部
専門：海棲哺乳類（海獣類）の比較解剖学，海獣診療支援

勝俣　浩（かつまた　ひろし）
帯広畜産大学卒
鴨川シーワールド 飼育支配人，館長
専門：海獣類の飼育・管理

鈴木美和（すずき　みわ）
東京大学大学院農学生命科学研究科修了，博士 (農学)
日本大学生物資源科学部 教授
専門：鯨類の生理学

羽田秀人（はねだ　しゅうと）
東海大学海洋学部水産学科水産資源開発課程卒
新江ノ島水族館
専門：鯨類，鰭脚類，カワウソ

若井嘉人（わかい　よしひと）
近畿大学農学部水産学科卒
鳥羽水族館 館長
専門：海産魚の種苗生産，ジュゴン，水棲生物全般

編著者紹介

村山　司（むらやま　つかさ）
東京大学大学院農学生命科学研究科博士課程修了，博士（農学）
東海大学海洋学部 教授，東海大学海洋学部博物館 館長
専門：比較認知科学

中原史生（なかはら　ふみお）
東京大学大学院農学生命科学研究科博士課程修了，博士（農学）
常磐大学人間科学部 教授
専門：動物行動学，比較認知科学

装丁　中野達彦，装丁イラスト　北村公司

海獣水族館の素顔
2025年2月20日　第1版第1刷発行

編著者	村山　司・中原史生
発行者	原田邦彦
発行所	株式会社東海教育研究所 〒160-0023 東京都新宿区新宿御苑さくらビル4F TEL：03-6380-0490　FAX：03-6380-0494 URL：http://www.tokaiedu.co.jp/
印刷所	港北メディアサービス株式会社
製本所	誠製本株式会社

© edited by Tsukasa Murayama & Fumio Nakahara, 2025　　　　ISBN978-4-924523-50-0

・ JCOPY ＜出版者著作権管理機構 委託出版物＞
本書（誌）の無断複製は著作権法上での例外を除き禁じられています．複製される場合は，
そのつど事前に，出版者著作権管理機構（電話03-5244-5088，FAX 03-5244-5089，e-mail:
info@jcopy.or.jp）の許諾を得てください．